2014–2015年中国网络安全发展蓝皮书

The Blue Book on the Development of Cyberspace Security in China (2014-2015)

中国电子信息产业发展研究院　编著

主　编/　樊会文
副主编/　刘　权

人民出版社

责任编辑：邵永忠
封面设计：佳艺堂
责任校对：吕　飞

图书在版编目（CIP）数据

2014 ~ 2015 年中国网络安全发展蓝皮书 / 樊会文 主编；
中国电子信息产业发展研究院 编著．—北京：人民出版社，2015. 7
ISBN 978-7-01-014990-5

Ⅰ．①2… Ⅱ．①樊… ②中… Ⅲ．①计算机网络－安全技术－白皮书－中国－2014 ~ 2015 Ⅳ．①TP393.08

中国版本图书馆 CIP 数据核字（2015）第 141402 号

2014–2015年中国网络安全发展蓝皮书
2014–2015NIAN ZHONGGUO WANGLUO ANQUAN FAZHAN LANPISHU

中国电子信息产业发展研究院　编著
樊会文　主编

人民出版社 出版发行
（100706　北京市东城区隆福寺街 99 号）

北京艺辉印刷有限公司印刷　新华书店经销

2015 年 7 月第 1 版　2015 年 7 月北京第 1 次印刷
开本：710 毫米 ×1000 毫米　1/16　印张：15.25
字数：255 千字

ISBN 978-7-01-014990-5　定价：78.00 元

邮购地址　100706　北京市东城区隆福寺街 99 号
人民东方图书销售中心　电话（010）65250042　65289539

代 序

大力实施中国制造2025　加快向制造强国迈进

——写在《中国工业和信息化发展系列蓝皮书》出版之际

制造业是国民经济的主体，是立国之本、兴国之器、强国之基。打造具有国际竞争力的制造业，是我国提升综合国力、保障国家安全、建设世界强国的必由之路。新中国成立特别是改革开放以来，我国制造业发展取得了长足进步，总体规模位居世界前列，自主创新能力显著增强，结构调整取得积极进展，综合实力和国际地位大幅提升，行业发展已站到新的历史起点上。但也要看到，我国制造业与世界先进水平相比还存在明显差距，提质增效升级的任务紧迫而艰巨。

当前，全球新一轮科技革命和产业变革酝酿新突破，世界制造业发展出现新动向，我国经济发展进入新常态，制造业发展的内在动力、比较优势和外部环境都在发生深刻变化，制造业已经到了由大变强的紧要关口。今后一段时期，必须抓住和用好难得的历史机遇，主动适应经济发展新常态，加快推进制造强国建设，为实现中华民族伟大复兴的中国梦提供坚实基础和强大动力。

2015 年 3 月，国务院审议通过了《中国制造 2025》。这是党中央、国务院着眼国际国内形势变化，立足我国制造业发展实际，做出的一项重大战略部署，其核心是加快推进制造业转型升级、提质增效，实现从制造大国向制造强国转变。我们要认真学习领会，切实抓好贯彻实施工作，在推动制造强国建设的历史进程中做出应有贡献。

一是实施创新驱动，提高国家制造业创新能力。把增强创新能力摆在制造强国建设的核心位置，提高关键环节和重点领域的创新能力，走创新驱动发展道路。加强关键核心技术研发，着力攻克一批对产业竞争力整体提升具有全局性影响、带动性强的关键共性技术。提高创新设计能力，在重点领域开展创新设计示范，推广以绿色、智能、协同为特征的先进设计技术。推进科技成果产业化，不断健全以技术交易市场为核心的技术转移和产业化服务体系，完善科技成果转化协同推进机制。完善国家制造业创新体系，加快建立以创新中心为核心载体、以公共服务平台和工程数据中心为重要支撑的制造业创新网络。

二是发展智能制造，推进数字化网络化智能化。把智能制造作为制造强国建设的主攻方向，深化信息网络技术应用，推动制造业生产方式、发展模式的深刻变革，走智能融合的发展道路。制定智能制造发展战略，进一步明确推进智能制造的目标、任务和重点。发展智能制造装备和产品，研发高档数控机床等智能制造装备和生产线，突破新型传感器等智能核心装置。推进制造过程智能化，建设重点领域智能工厂、数字化车间，实现智能管控。推动互联网在制造业领域的深化应用，加快工业互联网建设，发展基于互联网的新型制造模式，开展物联网技术研发和应用示范。

三是实施强基工程，夯实制造业基础能力。把强化基础作为制造强国建设的关键环节，着力解决一批重大关键技术和产品缺失问题，推动工业基础迈上新台阶。统筹推进“四基”发展，完善重点行业“四基”发展方向和实施路线图，制定工业强基专项规划和“四基”发展指导目录。加强“四基”创新能力建设，建立国家工业基础数据库，引导产业投资基金和创业投资基金投向“四基”领域重点项目。推动整机企业和“四基”企业协同发展，重点在数控机床、轨道交通装备、发电设备等领域，引导整机企业和“四基”企业、高校、科研院所产需对接，形成以市场促产业的新模式。

四是坚持以质取胜，推动质量品牌全面升级。把质量作为制造强国建设的生命线，全面夯实产品质量基础，提升企业品牌价值和“中国制造”整体形象，走以质取胜的发展道路。实施工业产品质量提升行动计划，支持企业以加强可靠性设计、试验及验证技术开发与应用，提升产品质量。推进制造业品牌建设，引导企业增强以质量和信誉为核心的品牌意识，树立品牌消费理念，提升品牌附加值和软实力，加大中国品牌宣传推广力度，树立中国制造品牌良好形象。

五是推行绿色制造，促进制造业低碳循环发展。把可持续发展作为制造强国建设的重要着力点，全面推行绿色发展、循环发展、低碳发展，走生态文明的发展道路。加快制造业绿色改造升级，全面推进钢铁、有色、化工等传统制造业绿色化改造，促进新材料、新能源、高端装备、生物产业绿色低碳发展。推进资源高效循环利用，提高绿色低碳能源使用比率，全面推行循环生产方式，提高大宗工业固体废弃物等的综合利用率。构建绿色制造体系，支持企业开发绿色产品，大力发展绿色工厂、绿色园区，积极打造绿色供应链，努力构建高效、清洁、低碳、循环的绿色制造体系。

六是着力结构调整，调整存量做优增量并举。把结构调整作为制造强国建设的突出重点，走提质增效的发展道路。推动优势和战略产业快速发展，重点发展新一代信息技术产业、高档数控机床和机器人、航空航天装备、海洋工程装备及高技术船舶、先进轨道交通装备、节能与新能源汽车、电力装备、新材料、生物医药及高性能医疗器械、农业机械装备等产业。促进大中小企业协调发展，支持企业间战略合作，培育一批竞争力强的企业集团，建设一批高水平中小企业集群。优化制造业发展布局，引导产业集聚发展，促进产业有序转移，调整优化重大生产力布局。积极发展服务型制造和生产性服务业，推动制造企业商业模式创新和业态创新。

七是扩大对外开放，提高制造业国际化发展水平。把提升开放发展水平作为制造强国建设的重要任务，积极参与和推动国际产业分工与合作，走开放发展的道路。提高利用外资和合作水平，进一步放开一般制造业，引导外资投向高端制造领域。提升跨国经营能力，支持优势企业通过全球资源利用、业务流程再造、产业链整合、资本市场运作等方式，加快提升国际竞争力。加快企业"走出去"，积极参与和推动国际产业合作与产业分工，落实丝绸之路经济带和21世纪海上丝绸之路等重大战略，鼓励高端装备、先进技术、优势产能向境外转移。

建设制造强国是一个光荣的历史使命，也是一项艰巨的战略任务，必须动员全社会力量、整合各方面资源，齐心协力，砥砺前行。同时，也要坚持有所为、有所不为，从国情出发，分步实施、重点突破、务求实效，让中国制造"十年磨一剑"，十年上一个新台阶！

工业和信息化部部长 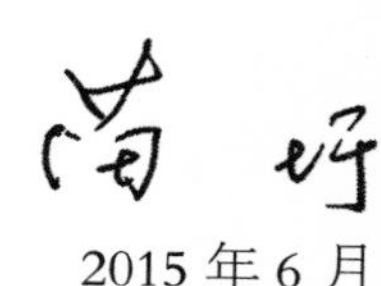

2015年6月

加强互信合作是构建安全网络空间的关键

当今世界各国相互联系、相互依存的程度空前加深，世界正变成一个你中有我、我中有你的地球村，我们大家越来越成为一个我为人人、人人为我的命运共同体。今天的网络高度互联，深度融合，广泛渗透，全球互通，已经成为国家的关键基础设施，成为广大老百姓不可或缺的一部分。今天的网络安全越来越重要，正在呈现出新的特点和趋势。开放、透明、互信、合作、共赢正在成为新常态，国际网络安全合作应参考以下原则：

第一，要立足于开放互联。网络安全关系国家安全、经济发展和社会稳定，关系到我们每一个人的切身利益，务必高度重视。但安全不是闭关自守，不是自我封闭，封闭必然倒退落后，开放互联才能繁荣进步。我们反对以网络安全为借口限制他国信息技术产品和服务进入本国市场，搞贸易保护主义，反对以知识产权为借口，不开放、不透明，谋取不正当竞争优势。我们主张立足开放和互联互通，加强网络安全。

第二，要坚持依法治网。没有规矩不成方圆，没有规则也就没有网络。大家知道因为有 TCP/IP 协议我们才有互联网，因为标准不断完善我们的网络才能不断发展。无论维护网络秩序、打击网络犯罪，还是保障知识产权和网络权益，哪一项都离不开网络法律规则和标准。依法而行、依规而动是互联网精神的一部分，也应该是今天网络精神的一个基本行为准则，我们应该规范、引导和治理网络空间。我们主张网络自由和信息的自由流动，但这种自由不能违背法律的原则，一个人的自由不能以损害他人自由和社会公共利益为代价。

第三，要相互尊重、信任。互联网是现实生活的延伸和拓展，各个国家的政治制度、传统文化、宗教道德等都会在网络上得到集中体现，应该尊重差异、包容发展。应该尊重各国在网络空间的主权，主权范围内的网络事务理应由各国自己做主。尊重广大用户在网络空间的利益，要让用户自己的设备自己做主，自己的数据自己说了算。我们反对利用技术优势，利用提供产品和服务的机会，通过网络在用户不知晓、不情愿的情况下收集用户信息、窃取用户隐私、控制用户设备，也就是我们说的审查制度的主要目的。

第四，要加强交流沟通。各国在网络空间不可能没有分歧，不可能没有争论，有竞争，有的时候甚至还有冲突。我们在想，世界就是因为差异而丰富多彩，所以我们应该通过我们的努力来缩小分歧，增进共识，要把我们的差异变成潜力，把分歧变成共识，把争论变成合作，把竞争变成动力。我们要特别加强在网络安全相关法律、政策、标准方面的合作，要互通信息，少一些机制政策的障碍，特别加强在技术研发、人才培养、意识教育方面的合作，共享经验做法，互相取长补短，特别加强在打击网络犯罪，特别是打击网络恐怖主义方面的合作，共同联手应对，共同构建一个和平、安全、开放、合作的网络空间。

中央网络安全和信息化领导小组办公室

网络安全协调局局长

目 录

综合篇

政策篇

产业篇

企业篇

专 题 篇

热点篇

展望篇

附　　录

综 合 篇

第一章　2014年我国网络安全发展现状

第一节　政策环境得到大幅改善

一、网络空间顶层设计得到加强

形成了统筹安全和发展的网络空间管理架构。2014 年 2 月 27 日，中央网络安全和信息化领导小组成立，中共中央总书记、国家主席、中央军委主席习近平同志亲自担任组长，李克强、刘云山任副组长，小组成员涵盖中宣部、中央军委、中央政法委、公安部等相关部门负责人。中央网络安全和信息化领导小组的成立，将中国网络安全和信息化领导体制上升到国家最高层面，充分体现了党中央对网络安全和信息化工作的高度重视，显示出国家保障网络安全、维护国家利益、推动信息化发展、建设网络强国的决心。该领导小组将重点解决国家安全和长远发展重大问题，统筹协调涉及经济、政治、文化、社会及军事等各个领域的网络安全和信息化建设，研究制定网络安全和信息化发展战略、宏观规划和重大政策，推动国家网络安全和信息化法治建设，不断增强安全保障能力，以安全保发展，以发展促安全，从技术能力、信息服务、网络文化、基础设施、信息经济、人才队伍、国际合作等方面实现建设网络强国的根本目标。

构建了涵盖网络空间和物理空间的国家安全体系。在中国共产党第十八届中央委员会第三次全体会议决定设立国家安全委员会后，中共中央政治局于 2014 年 1 月 24 日召开会议，正式设立中央国家安全委员会，由习近平任主席，李克强、张德江任副主席，下设常务委员和委员若干名，覆盖公安、武警、司法、国家安全部、总参、总政、外交部、外宣办等部门。作为中共中央关于国家安全工作的决策和议事协调机构，中央国家安全委员会直接向中央政治局、中央政治局常务委员会负责，是我国当前应对国家安全及突发事件的最高层级机构，负责制定国家安全顶层战略，统筹协调涉及国家安全的重大事项和重要工作。国家安全委员会既重视传统安全，又重视非传统安全，基本形成以总体国家安全观为指引，集政治安全、国土安全、军事安全、经济安全、文化安全、社会安全、科技安全、信息安全、生态安全、资源安全、核安全等于一体，横跨网络空间和物理空间的国家安全体系。

二、网络安全政策文件先后出台

密集出台一批涉及信息技术产品采购安全的政策。2014 年，出于对信息技术产品网络安全问题的担忧，我国出台了一系列政策，对信息技术产品的采购作出规定，对于推进国产化、保障国家安全起到了积极作用。5 月 16 日，中央国家机关政府采购中心发布通知，要求入围中央机关采购范围内的所有计算机类产品均不允许安装微软视窗 8 操作系统。5 月 22 日，中央网信办为维护国家网络安全、保障中国用户合法利益，宣布将推出网络安全审查制度，对进入中国市场的重要信息技术产品及其提供者进行网络安全审查。7 月，中国政府采购网公布了新的杀毒软件类产品采购名单，将赛门铁克和卡巴斯基排除在外；公安部科技信息化局下发通知，称赛门铁克的“数据防泄漏”产品存在窃密后门和高危漏洞，要求各级公安机关禁止采购。9 月，银监会印发《关于应用安全可控信息技术加强银行业网络安全和信息化建设的指导意见》，提出到 2019 年安全可控信息技术在银行业总体达到 75% 左右的使用率。

制定出台了规范网络信息服务的相关政策。2014 年，针对网络谣言和诽谤信息肆意传播、垃圾短信泛滥、侵犯个人隐私等问题，我国加快制定规范网络信息服务的政策，为构建清朗的网络空间奠定了法律上的基础。8 月 7 日，国家网信办发布《即时通信工具公众信息服务发展管理暂行规定》，明确规定：一是从事公众信息服务应当取得资质；二是即时通信工具服务提供者应当对使用者按照“后台实名、前台自愿”的原则进行管理；三是即时通信工具服务使用开设公众账号，应当经即时通信工具服务提供者审核，并向相关主管部门分类备案；四是即时通信工具服务使用者应当承诺遵守“七条底线”；五是公众账号未经批准不得发布、转载时政类新闻。10 月 10 日，《最高人民法院关于审理利用信息网络侵害人身权益民事纠纷案件适用法律若干问题的规定》施行，明确网络用户或者网络服务提供者利用网络公开自然人基因信息、病历资料、健康检查资料等个人隐私和其他个人信息，造成他人损害，被侵权人请求其承担侵权责任的，人民法院应予以支持；首次明确了利用自媒体等转载网络信息行为的过错及程度认定问题，以及非法删帖、网络水军等互联网灰色产业中的责任承担问题。此外，工业和信息化部还起草制定了《通信短信息服务管理规定》，规范短信息服务，明确对商业短信息的管理等，目前该规定已经征求社会各界意见，有望尽快出台。

制定发布了关于党政机关和军队网络安全工作的政策。2014年，随着面临的网络安全威胁日益复杂，我国出台了加强党政机关和军队网络安全工作的政策，加快构建网络安全防护体系。5月，中央网络安全和信息化领导小组办公室印发了《关于加强党政机关网站安全管理的通知》，以全面提升党政机关网站安全保障能力和管理水平，确保党政机关网站安全运行、健康发展。下半年，经习近平主席批准，中央军委印发《关于进一步加强军队信息安全工作的意见》，指出必须把信息安全工作作为网络强军的重要任务和军事斗争准备的保底工程，要求各级要加强信息安全总体设计、工作统筹和综合管理，深化信息安全理论研究，健全信息安全法规标准体系，加快构建与国家信息安全体系相衔接、与军事斗争准备要求相适应的军队信息安全防护体系。

第二节　基础工作得到明显加强

一、打击网络犯罪力度持续加大

国家相关部门开展一系列网络安全专项行动。2月，中央网信办、公安部、工业和信息化部等九部门联合部署开展了打击“伪基站”专项行动，依法严厉打击非法生产、销售和使用“伪基站”设备的违法犯罪活动，整治影响公共通讯秩序的突出问题。4月至9月，工业和信息化部联合公安部、工商总局在全国范围联合开展了打击治理移动互联网恶意程序专项行动。4月10日至8月31日，国家工商总局、中宣部、国家网信办、工业和信息化部、国家卫生计生委、国家新闻出版广电总局、国家食药监总局、国家中医药管理局八个部门联合开展了治理互联网重点领域虚假违法广告的专项行动，集中清理检查保健食品、保健用品、药品、医疗器械、医疗服务等重点领域的网络广告及信息。4月中旬至11月，扫黄打非办、国家网信办、工业和信息化部、公安部四大部门联合行动，在全国范围内统一开展打击网上淫秽色情信息的“净网2014”专项行动。6月20日，国家网信办召开铲除网上暴恐音视频专项行动动员会，宣布启动“铲除网上暴恐音视频”专项行动。6月至11月，国家版权局、国家网信办、工业和信息化部、公安部四部门开展了“剑网2014”打击网络侵权盗版专项治理行动，主要涵盖保护数字版权、规范网络转载、支持依法维权和严惩侵权盗版等内容。9月24日，国家网信办、工业和信息化部、国家工商行政管理总局召开“整治网络弹窗”专题座谈会，专项研究治理网络弹窗乱象，决定启动“整治网络弹窗”专项行动。10月至12月底，国家网信办和国家新闻出版广电总局在全国开展清理整治网络视频有害信息专项行动。

破获一大批网络犯罪活动。1月，中、美、印及罗马尼亚四国执法机关开展联合执法行动，发现多个提供入侵电子邮箱账户并获取密码服务的黑客网站并抓获相关嫌疑人。5月，公安部部署破获“5·26”特大跨国赌博网站开设赌场案，捣毁了赌博网站并抓获许某等10名犯罪嫌疑人，冻结涉赌账户900余个、涉赌资金逾亿元。8月，公安部专案组破获利用木马程序控制台湾智能手机的跨地区电信诈骗案件，涉案金额达2000万元人民币，专案组抓获犯罪嫌疑人32名，查封资金人民币249万元。9月，公安部部署破获“8·02”特大跨国赌博网站开设赌场案，先后抓获犯罪嫌疑人32人，依法逮捕8人。9月，公安部破获“5·28”特大跨国网络赌博案，中国、越南、缅甸联合开展了打击跨国网络赌博联合执法行动，共抓获犯罪嫌疑人119名，冻结涉案赌资人民币6400余万元。11月，公安部破获“3·18”特大网络赌博及组织出境赌博案，成功抓获该赌场赌博网站经纪人张某等40人，冻结一大批涉案账户，涉案金额逾100亿元。12月，铁路公安机关破获“12306撞库”案，将涉嫌窃取并泄露12306用户数据的嫌疑人成功抓捕归案。

二、重要信息系统安全保障持续深化

开展重点领域网络与信息安全检查行动。自2009年《政府信息系统安全检查办法》印发以来，网络安全主管机构根据检查办法的精神，根据各年度政府部门信息安全状况和形式，逐年制定《政府信息系统安全检查指南》，对年度的信息安全检查工作重点进行明确，逐渐形成了信息安全管理检查和信息安全技术检测两大部分的检查内容。2014年开展的信息安全检查范围进一步扩大，首次将中央国家机关和人民团体纳入检查范围。中央网信办明确针对中央和国家机关各部委、各人民团体以及银行、证券、保险、电力、石油石化、通信、铁路、民航、广播电视、医疗卫生、水利、环境保护、民用核设施等重点行业的重要网络与信息系统开展国家层面的信息安全检查。同时，通过建设国家信息安全检查信息共享平台，建立了检查信息共享渠道，有效推动了工作进展，提高了工作效率。通过2014年信息安全检查，进一步掌握了我国重要信息系统基本情况和安全态势，排查了一批重大安全隐患和高危风险漏洞，初步评估了重点领域网络与信息系统安全防护水平，进一步保障了国家重要网络与信息系统网络安全。

着力推动工业控制系统信息安全保障工作。随着我国“两化”融合的不断深入，原本相对封闭的工业控制系统逐步开放，面临着严重的网络安全风险。工业和信息化部于2011年发布的《关于加强工业控制系统信息安全管理的通知》是我国开展工业控制信息安全工作的第一个指导性文件，从加强重点领域工业控制信息安全管理、安全测评检查和漏洞发布制度建设、组织领导等方面提出了明确要求。近年来，我国工业控制系统安全保障工作稳步推进，2014年4月17日工业控制系统信息安全产业联盟正式成立，成员包括24家相关企事业单位，联盟在体系建设、等级保护、风险评估、标准制定、产品开发和评测等方面搭建了交流平台，为促进我国工业控制系统安全保障能力提升发挥了纽带和桥梁作用。2014年7月，推荐性国家标准《工业控制系统信息安全》正式发布，明确了对工业控制系统信息安全进行评估和验收时，系统设计方、设备生产商、系统集成商、工程公司、用户、资产所有人以及评估认证机构等相关方应遵循的要求。2014年12月5日全国工业控制系统优秀解决方案推广会在京召开，工业和信息化部、全国31个省级工信部门以及相关企事业单位工业控制系统信息安全负责人员参加了会议。会议总结了当前我国工业控制系统信息安全保障工作取得的成果，部署了下阶段工业控制系统信息安全工作任务，主要包括：进一步调查、掌握工业控制系统基本情况，通过建立平台加强基础保障能力，建立工业控制系统安全信息共享机制等。2014年12月工业控制系统信息安全技术国家工程实验室成立，针对我国工业控制系统面临的日益严重的信息安全攻击威胁问题，围绕涉及国计民生的重点军工和军事领域，建设我国自主的工业控制系统信息安全技术研发与工程化平台，开展关键技术和产品的研发和产业化。

积极推进重点行业信息系统网络安全工作。2014年，为应对日益严峻的网络安全威胁，能源、电信、金融、交通等重点行业均大力推动网络安全工作。7月2日，国家能源局发布关于印发《电力行业网络与信息安全管理办法》的通知，以规范电力行业网络与信息安全的监督管理。8月28日，工业和信息化部出台了《关于加强电信和互联网行业网络安全工作的指导意见》，从网络基础设施安全防护、突发网络安全事件应急响应、安全可控关键软硬件应用、网络数据和用户个人信息保护、移动应用商店和应用程序安全管理等方面加强监管。9月，银监会发布了《关于应用安全可控信息技术加强银行网络安全和信息化建设的指导意见》，以增强金融行业信息系统网络安全保障能力。12月19日，支付卡行业安全标准委员会（PCI SSC）发布了针对交互点（POI）上所运行设备软件的安全开发和维护指南，其提出的具体标准和要求有助于帮助相关方遵循标准安全编码实践，增强POI相关软硬件产品的安全保障能力。11月21日，中国公路学会在南京举办2014全国高速公路信息网络安全技术研讨会，重点交流、探讨高速公路信息网络安全有关技术问题，提升公路交通信息网络安全防护能力。

三、网络安全标准陆续发布

工业控制系统信息安全国家标准填补了国内空白。为应对日趋复杂的工业控制系统安全问题，我国加快了工业控制系统信息安全标准化建设工作的步伐。2014年12月2日，推荐性国家标准《GB/T 30976.1-2014 工业控制系统信息安全 第1部分：评估规范》和《GB/T 30976.2-2014 工业控制系统信息安全 第2部分：验收规范》公开发布。该系列标准内容主要包括安全分级、安全管理基本要求、技术要求、安全检查测试方法等基本要求。这是我国工业控制系统信息安全领域首次发布国家标准，填补了该领域系统和产品评估及验收时无标可依的空白，对今后建立工业控制系统信息安全评估认证机制，保障国家经济的稳定增长和国家利益的安全，具有十分现实的意义。

云计算服务安全国家标准化工作取得显著进展。2014年9月3日，《GB/T 31167-2014 信息安全技术 云计算服务安全指南》和《GB/T 31168-2014 信息安全技术 云计算服务安全能力要求》两项国家标准正式发布，为政府部门采用云计算服务提供全生命周期的安全指导，为云服务商提供安全的云计算服务和建设安全的云计算平台提供指导。此外，为促进标准应用与实施，在中央网信办网络安全协调局的指导下，全国信息安全标准化技术委员会于2014年5月9日启动了云计算服务安全审查国家标准应用试点工作。杭州、襄阳、无锡、济南、成都等市的网络安全和信息化主管部门，以及曙光、华为、浪潮、阿里巴巴等企业和相关测评机构、科研机构等多家单位参与了试点。应用试点工作对完善标准、增强标准可操作性和准确性具有重要意义，并可为中央网信办开展网络安全审查工作摸索经验。

密码行业标准化工作稳步推进。2014年国家密码管理局陆续发布了17项密码行业标准，包括：《GM/T 0023-2014 IPSec VPN 网关产品规范》、《GM/T 0026-2014 安全认证网关产品规范》、《GM/T 0027-2014 智能密码钥匙技术规范》、《GM/T 0028-2014 密码模块安全技术要求》、《GM/T 0029-2014 签名验签服务器技术规范》、《GM/T 0031-2014 安全电子签章密码技术规范》、《GM/T 0033-2014 时间戳接口规范》、《GM/T 0034-2014 基于SM2密码算法的证书认证系统密码及其相关安全技术规范》等。这些标准的陆续发布，极大地推动了密码行业标准化工作，对产业发展起到了重要的指导性、规范性作用。

除上述公开发布的网络安全标准外，2014年，全国信息安全标准化技术委员会还公布了20项网络安全国家标准征求意见稿，面向社会广泛征求意见。这些标准征求意见稿覆盖面较广，包括《信息安全技术 政府部门信息技术服务外包信息安全管理规范》、《信息安全技术 安全域名系统实施指南》等信息安全管理类标准；《信息安全技术 SM2椭圆曲线公钥密码算法》、《信息安全技术 SM3密码杂凑算法》等密码技术类标准；《信息技术 安全技术 行业间和组织间通信的信息安全管理》、《信息安全技术 无线局域网接入系统安全技术要求》等通信安全类标准等。

第三节 产业实力得到快速发展

一、产业规模保持较高增速

随着网络安全威胁日益增加，政府、企业和个人均越来越重视网络安全，网络安全产业发展空间不断扩大，推动网络安全产业快速发展。据测算，2014年我国网络安全产业规模达到555.2亿元人民币，同比增长29%，保持较快增长速度。

表 1-1　2011—2014 年我国网络安全产业规模及增长率

	2011年	2012年	2013年	2014年
产业规模（亿元）	272.2	342.5	430.3	555.2
增长率	25.3%	25.8%	25.6%	29%

数据来源：赛迪智库，2015 年 4 月。

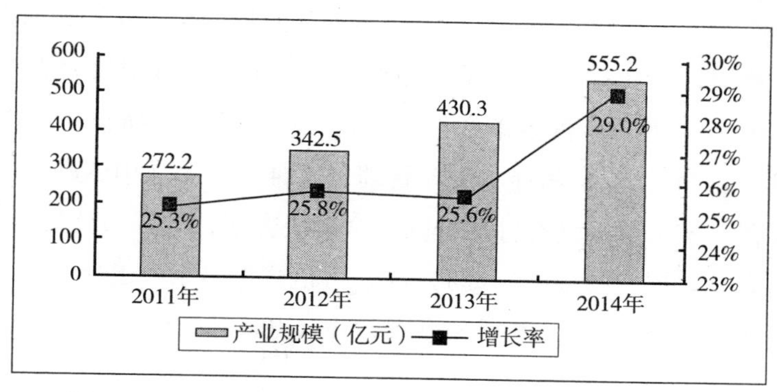

图1-1　2011—2014年我国网络安全产业规模及增长情况

数据来源：赛迪智库，2015 年 4 月。

二、企业实力进一步壮大

网络安全企业的数量和规模也分别有了较大增加和扩大。近几年来国内网络安全相关企业一直保持在千余家，网络安全业务年收入超亿元企业近 20 家，并出现卫士通、国民技术、启明星辰、奇虎 360、网秦等一批上市企业。与此同时，2014 年以来，网络安全产业又进入大量足以影响行业发展的力量：一是互联网巨头纷纷加入网络安全队伍，如腾讯、百度等进一步拓展网络安全部门，不断推出网络安全产品，阿里也推出阿里钱盾和阿里聚安全等移动安全产品；二是中国电子信息产业集团、中国电子科技集团、紫光集团等国有大型企业都将网络安全作为其重要业务内容，以国家网络与信息安全龙头企业自居，在自主基础软硬件方面取得较大成绩。此外，我国网络安全产品种类不断丰富，安全操作系统、安全芯片、安全数据库、密码产品等基础技术产品逐步成熟，防火墙、病毒防护、IDS/IPS、统一威胁管理（UTM）、终端接入控制、网络隔离、安全审计、安全管理、备份恢复等网络安全产品服务取得明显进展，产品功能逐步向集成化、系统化方向发展。

三、自主技术产品得到大幅提升

2014年中国政府空前重视网络安全和自主可控，自主网络安全技术产品得到快速发展。在自主基础软件方面，随着政府采购以及软件正版化等利好信息不断传出，党政军市场以及关键行业市场对国产操作系统需求逐渐释放，国产操作系统迎来爆发式增长，比2013年增长46.5%。在自主基础硬件方面，为应对全球集成电路产业融合互动、综合竞争、跨越创新的特点，厂商不断加强国产CPU和国产操作系统以及上层的应用程序的兼容性。在IT安全技术产品方面，国内厂商在原有基础上进一步提升市场份额，包括防火墙、病毒防护、IDS/IPS、统一威胁管理（UTM）、安全审计、安全管理、灾难备份等在内的网络安全产品体系进一步完善，推出了大量有针对性的安全解决方案，如在微软视窗XP系统宣布停止更新之后，国内的金山、奇虎360、可信华泰等企业迅速做出反应，推出一系列XP系统安全保障产品和解决方案，并取得较好的成效。

第四节　技术能力得到快速提升

一、核心技术自主可控进程加快

“斯诺登”事件使我国深刻认识到核心技术自主可控的重要性，2014年以来，我国在量子密码、可信计算、基础软硬件等领域取得较大进展。1月，中国科学技术大学潘建伟教授及其同事解决了量子加密通信难题，在国际上首次实现了无条件安全“比特承诺”，在解决如何在相互不信任的通信终端之间直接建立信任的问题上实现了突破，被评价为“密码学界的重要进展”。4月3日，中国电子集团旗下中电长城网际和可信华泰正式发布基于可信计算技术的“白细胞”操作系统免疫平台，标志我国自主创新的基于可信技术的新一代网络安全技术路线实现产业化。7月，国家新闻出版广电总局牵头推出TVOS智能电视操作系统，采用基于安全芯片的信任链机制、安全启动、应用软件下载安装校验等多种手段，具有硬件安全、软件安全、网络安全、数据安全、应用安全等全方位安全防护能力。8月，曙光公司推出国内首款全自主可控堡垒主机，搭载龙芯CPU，配备曙光自主研发的安全操作系统，可有效规范用户受控地安全访问信息资产，同时做到实时有效地监管重要信息资产的操作过程，降低IT操作风险。

二、网络安全防护技术进展明显

2014年以来，网络安全企业不断创新安全防护技术，改进网络安全产品和服务，有效提升了网络防护能力。2月26日，华为在RSA2014大会上发布下一代Anti-DDoS解决方案，该解决方案在2013年“双十一”活动中防御了上百次的攻击，最大流量达到20G，并在全球的20多个数据中心完成部署，最高的防护能力达到了160G。4月22日，云智慧推出企业级监控服务解决方案——“移动应用监控服务”，可以有效发现业务端口可用率和正确性，并提供业务性能数据分析。7月18日，移动支付平台支付宝钱包在国内率先试验推出指纹支付。8月，安恒信息明御APT攻击（网络战）预警平台发布新版本，对协议规则做了补充和完善，并在沙箱检测机制中引入基于加权值的判断技术，可有效降低误报提升检测效率。10月23、24日，浪潮集团在北京召开浪潮技术与应用峰会，正式推出了面向云数据中心的云主机安全产品解决方案。此外，国内多款产品在国际权威认证中脱颖而出，如绿盟科技的Web应用防火墙全系列产品通过第三方国际独立测评机构ICSA Labs认证，在全球第三方权威评测机构“西海岸实验室”（West Coast Labs）认证中，安恒信息的明御Web应用防火墙获得“2013年度优秀产品推荐奖”，安全狗旗下的网站安全狗获得Checkmark“东方之星”认证，腾讯电脑管家、金山毒霸等在针对视窗8平台的17款中文杀毒软件评测中获得“东方之星”产品推荐奖。

三、网络安全攻防技能快速提升

2014年以来，国内网络安全技术团队开始崭露头角，在国内外黑客大赛上受到广泛关注，攻防技术能力大幅提升。3月14日，在加拿大温哥华举行的全球顶级安全赛事Pwn2Own比赛中，来自上海碁震云计算科技有限公司的中国著名安全研究团队Keen Team连续攻破苹果最新64位桌面操作系统（MacOS X Mavericks 10.9.2）和微软最新64位桌面操作系统（视窗8.1），获得本次Pwn2Own比赛双料冠军。4月5日，合天智汇悬赏38万的XP挑战赛活动，针对360、腾讯、金山三大主流安全厂商上线的XP防护专版产品进行攻击测试，有数百名安全技术高手发起进攻，最终360坚守成功。7月16、17日，由SyScan主办，360公司承办的2014 SyScan360国际前瞻信息安全会议在北京召开，浙大学生团队获冠军。8月20日，2014年DEFCON夺旗赛全球总决赛落下帷幕，来自中国的“安全宝－蓝莲花”战队以总分3233分的成绩获得第5名。10月27日，由中国网络空间安全协会（筹）竞评演练工作组主办的XCTF全国网络安全技术对抗联赛正式启动，这将进一步推动我国网络安全技术能力的提升。

第五节　网络空间价值观体系基本成型

一、提出以网络主权为核心的国家主张

2014年，中国政府首提网络主权主张，并倡导各国在尊重网络主权基础上开展网络空间治理和合作。6月5日，在中国与联合国举办的信息和网络安全国际研讨会上，外交部副部长李保东首次提出网络主权主张，指出“各国对其领土内的信息通信基础设施和信息通信活动拥有管辖权，有权制定符合本国国情的互联网公共政策，任何国家不得利用网络干涉他国内政或损害他国利益”。6月23日，在互联网名称和数字地址分配机构第50次大会上，国家网信办主任鲁炜再次提出了网络主权原则，明确：“信息流通无国界，但网络空间有疆域。国无大小，都是平等的。平等的前提是自主，应该尊重每一个国家的网络主权、网络发展权、网络管理权、参与国际互联网的治理权。”7月16日，习近平总书记在巴西国会上发表演讲，再次强调“虽然互联网具有高度全球化的特征，但每一个国家在信息领域的主权权益都不应受到侵犯，互联网技术再发展也不能侵犯他国的信息主权”。在后来的首届世界互联网大会、第七届中美互联网论坛上等，中国以一个极端负责的发展中大国的身份，多次强调网络主权，向全世界阐明了自己的观点、立场、对策，释放出积极稳健的信号，在未来的国际互联网治理中必将发挥积极的推动作用。

二、倡导多边、民主、透明的治理体系

2014年，中国政府明确提出了“建立多边、民主、透明的国际互联网治理体系”主张，并在多个公开场合作了阐述，目前该主张已成为国际网络空间治理的重要共识。7月16日，习近平总书记首次提出国际社会要本着相互尊重和相互信任的原则，通过积极有效的国际合作，建立多边、民主、透明的国际互联网治理体系。9月23日，在夏季达沃斯论坛第八届年会上，鲁炜对该主张作了较全面的阐述：“多边”和多利益相关方异曲同工，互联网一定是多边的而不是单边的，只有体现多

边，才能体现集体的力量；“民主”是我们共同来讨论决定，而不是一个人或者一个国家说了算，或者某一个利益群体说了算；“透明”是指互联网的治理应该有一个透明的规则，让全世界都知晓这种规则。11 月 19 日，在首届世界互联网大会的贺词中，习近平总书记再次指出：“中国愿意同世界各国携手努力，本着相互尊重、相互信任的原则，深化国际合作，尊重网络主权，维护网络安全，共同构建和平、安全、开放、合作的网络空间，要建立多边、民主、透明的国际互联网治理体系。”

三、确立和平、安全、开放、合作的核心价值观

2014 年，中国政府关于构建什么样的网络空间的认识逐渐清晰，在信息和网络安全国际研讨会、巴西国会演讲、首届世界互联网大会、第七届中美互联网论坛等会议上，较全面地阐述了“和平、安全、开放、合作”的网络空间内涵。“和平”是指各国应摈弃“零和”思维和冷战时期的意识形态，相互尊重、相互信任；互联网应当促进世界的和平，促进人与人和平地相处，而不能挑起世界的战争，互联网不能成为一个国家攻击他国的“利器”。“安全”是指互联网不能成为违法犯罪活动的温床，更不能成为实施恐怖主义活动的工具；一国不能为了自身发展而遏制别国发展，更不能牺牲别国安全谋求自身所谓绝对安全。“开放”是指网络空间应该互联互通，让信息自由并安全地流动；各国应当平等接取网络资源。“合作”是指国际社会应当建立积极的合作机制，交流思想、交流经验，增进共识，努力实现资源共享、责任共担、合作共治。

第二章　2014年我国网络安全发展主要特点

第一节　网络安全国家力量凸显

在“棱镜门”事件的触动下，我国不断加大网络安全部署，于2014年采取一系列政策措施，并取得明显效果，2014年也被称为中国网络安全元年。在过去的5—10年中，国内网络安全的发展几乎停滞，国家层面不够重视，企业缺少发展动力，应用部门缺少安全意识，以至于出现国外先进的技术国内无人研究，国内安全市场产品更新换代严重滞后，国外网络攻击难以发现和无法防御的严重问题。“棱镜门”事件给我国敲响了警钟，使我们认识到，网络安全直接关系到国家安全，必须由国家层面的大力支持才有可能实现。2014年，国家建立起最高级别的网络安全领导机构，完善了顶层设计，形成网络安全各主管部门的协调机制，将网络安全相关企事业单位凝聚成网络安全国家力量，采取一系列有力的措施，如网络安全审查制度、政府采购禁止预装视窗8系统、高通反垄断调查等，打压了跨国信息技术企业的嚣张气焰，与此同时，通过国家科技计划管理改革方案，逐步改变国家科技创新面临的困境，推动核心技术的发展。

第二节　国家需求带动产业发展

作为国家安全的重要内容，网络安全产业需要由国家需求来带动。实际上，欧美很多跨国网络安全上市公司，也主要从国家（如安全部门、国防部和军方等）获得订单，而欧美等国在网络安全方面的投入巨大，如《2014财年国防授权法案》要求对赛博战投入数亿美元资金，具体内容包括建设网络“靶场”、网络安全研究等，市场研究公司ASDReports研究显示，2013—2023年间美国网络空间安全开支将达940亿美元。我国网络安全产业最初就源于保障国家安全的部门，国家对网络安全产业管理也较为深入，国家安全需求是网络安全产业市场的重要来源。2014年，国家安全需求更加强劲，各部门不断加强网络安全保障能力建设，网络安全相关技术产品的采购也不断增多，如信息技术产品安全检测、APT攻击安全防护等，与此同时，国家政府采购政策逐步开放对技术服务的采购，不断扩大网络安全企业参与国家网络安全保障的范畴，网络安全整体投入不断增加。随着国家对网络安全的重视程度提升，国家需求对网络安全产业的带动作用将更加明显。

第三节　安全可控成为关注焦点

由于美国及其同盟国开展了大规模网络监控活动，大量跨国信息技术企业参与其中，对我国网络安全带来严重威胁，安全可控已经成为我国关注焦点。“棱镜门”事件表明，NSA和FBI可直接接入微软、谷歌、Facebook、苹果等9家美国IT企业中心服务器，挖掘数据，搜集情报，全面监控民众的网络行为，而在相关信息曝光后，美国政府非但没有停止相关行为，而是通过网络安全共享法案等来确立其合法性，这使得世界各国在采购信息技术产品时都要考虑一下网络安全问题。2014年，我国通过网络安全审查等措施不断给跨国企业施压，并不断减少政府采购中存在安全隐患的信息技术产品，如截至2014年底，思科位于政府采购清单上的产品数量已经减少为零，据统计，涉及中央政府各部门常规采购的产品数量在两年内增加了2000多款，达到接近5000款的水平，增加的产品几乎全部是由国内厂商供应的，国外品牌的数量减少了三分之一。实际上，在国家日益重视网络安全的大环境下，国内银行、电力、交通等涉及国计民生的重要行业自身也制定了一系列实现安全可控的要求，如银监会《关于应用安全可控信息技术加强银行业网络安全和信息化建设的指导意见》等，将安全可控作为保障本行业网络安全的重要手段。

第四节　网络安全意识快速提升

网络安全关系到每个人的利益，提升全民网络安全意识和基本技能是保障国家网络安全的根基。实际上，欧美等国长期开展网络安全宣传周（月）等活动，以提升全民网络安全意识，如美国国家网络安全意识月和欧洲网络安全月等。2014年，我国从国家到地方举办了大量网络安全宣传活动。2014年11月24日至30日，中央网信办会同中央编办、公安部、工业和信息化部等八个部门联合主办“首届国家网络安全宣传周”，7天时间中共迎来观众近53000人次。北京市政府将每年的4月29日设为“首都网络安全日”，以“网络安全同担，网络生活共享”为主题，通过举办网络安全高峰论坛、组织大学生网络安全知识竞赛、建立网络安全体验基地、举办首都网警执法账号新闻推介会等系列活动，提高了首都各界和网民群众的网络安全意识。此外，为提升全民网络安全技能，选拔网络安全人才，政府、高校和厂商举办了一系列网络安全竞赛，比较有影响力的一共有12个，包括XP靶场挑战赛、ISG信息安全技能竞赛、BCTF百度杯网络安全技术对抗赛、2014年全国大学生信息安全竞赛等。

第三章　2014年我国网络安全存在的问题

第一节　政策法规建设尚不健全

国家政策尚不完善，网络安全投入相对分散，难以推动网络安全快速发展。一方面，我国网络安全经费支持力度远远落后于发达国家。美国 2014 年度网络安全预算总额达 130 亿美元，较 2013 年度增加约 20%；欧盟在 2007—2013 年期间，投入 350 亿欧元（约 454 亿美元）用于网络安全研究。与之相比，我国网络安全经费投入仅为美国的5%左右，远不能满足当前网络安全形势需要。另一方面，我国对网络安全领域的资金投入主要集中在舆情监控和网络安全自主创新技术研发方面，且资金投入相对分散，规模最大的发改委信息安全专项平均每个项目经费约为 600 万—700 万，难以真正有效扶持龙头企业，难以在需要大量资金投入的网络安全核心技术层面形成竞争力。

网络安全法律法规建设滞后，功能和作用发挥不足。对网络安全立法重视不够，我国立法资源多集中于传统安全领域，网络安全领域存在“立法立不上项”、“即使立项成功也出台较慢”的现象。我国缺乏网络安全立法的宏观规划和体系设计，在法制建设上多采取“应急式”、“局部式”方式，现有法律法规之间协调性不足、系统性差，部分立法之间缺乏协调配合，存在内容衔接不好甚至冲突的现象。在社会需求迫切的一些领域，如信息数据跨境流动、移动互联网时代网络数据和隐私保护、高级可持续性威胁背景下重要信息系统保护、政府网络安全管理、信息技术产品的安全审查、网络犯罪电子证据取证程序等方面，缺乏相关立法，存在诸多立法空白和短板。

第二节　体制机制亟待完善

网络安全工作缺乏强有力的统筹协调，无法形成国家合力。2014 年成立的中央网络安全和信息化领导小组，是目前建立的最高级别的网络安全协调机构，但其统筹协调资源的功能和手段急需加强。现有网络安全管理部门之间管理权限存在交叉，“九龙治水”的局面依然存在，且各部门之间缺乏成熟的沟通和协调机制，各自为政，造成政出多门、决策分散、有些部门“越位”和“错位”等现象，难以形成合力。现有网络安全支撑机构水平层次不齐，企业和行业组织在信息安全保障中的作用没有得到充分发挥。

我国政科不分、政企不分的体制机制严重制约了科技创新和产业发展。一是我国科技创新体制存在严重缺陷，创新主体定位不清，科研经费分配不合理，科研人才大量流失，如中科院、工程院等国家级科研院所应定位在前沿基础性科学研究，而市场化技术产品研究则应以相关企业为中心，二是我国“泛行政化”的体制严重阻碍了科技创新和产业发展，我国科研院所、大型央企等均采取行政化管理，这使得大量科学家、企业家行政化，科研创新应该完全市场化，企业发展也应该市场化。

第三节　防御力量建设有待加强

网络安全人才培养体系不健全，人才数量和层次难以满足需求。一方面，我国缺乏人才建设规划和顶层设计，网络安全人才培养体系不健全。从高校教育看，网络安全专业尚未成为一级学科，存在课程体系设置不科学、教学方式僵硬、教师水平参差不齐等突出问题；从高职教育看，网络安全教育的定位不够清晰，没有突出网络安全职业导向所重视的实操能力培养，教师队伍存在能力不强、实操性差等问题；从社会培训看，存在涉及内容不深入、体系性差、培训费用较高的问题。另一方面，我国网络安全人才供给与需求严重失衡，人才缺口较大，缺乏技术带头人、卓越工程师、高层次管理人员等领军人才，在网络攻防、自主软硬件开发、新技术新应用安全等领域缺乏一批具有较强能力的科研和实战人才。

网络安全相关技术研发能力不足。涉及网络安全核心技术的元器件、中间件、专用芯片、操作系统和大型应用软件等基础产品自主可控能力较低，关键芯片、核心软件和部件严重依赖进口。在密码破译、战略预警、态势感知、舆情掌控等网络安全核心技术产品上与西方国家还有一定的差距。在一些关键技术和产品的网络安全测评方面还存在技术缺失。目前我国对进口技术和产品的检测主要集中在功能性测试，很少涉及其技术核心，如芯片、操作系统、PLC 等，不能发现产品的安全漏洞和“后门”，实现相关技术产品的底层网络息安全测评还需要一定的技术突破。

网络安全基础设施建设不完善。当前，我国网络安全基础设施的发展轨迹基本上是由下而上、由局部向整体的，突出表现在建设较为分散，体系不够完整，缺乏全局规划设计。例如，在线监测和态势感知建设方面，缺乏战略规划，没有专门的管理机构，没有形成完整的检测和态势感知系统构造；PKI 缺乏协调统一的规划设计，体系结构分散，缺乏互认互通。由于缺乏整体性的规划和设计，我国网络安全基础设施各自为战，相互之间未建立有效的共享机制，当重大安全漏洞曝光、大面积病毒爆发、重要信息泄露等重大网络安全事件发生时，难以快速告知所有相关实体，采取有效措施，从而导致事件范围扩大、损失增加等，无法从整体上发挥作用。

第四节　网络安全供需严重失衡

我国是一个网络大国，网络安全需求旺盛。从网民数量看，截至 2014 年 12 月，中国网民规模达 6.49 亿，全年共计新增网民 3117 万人。互联网普及率为 47.9%，较 2013 年底提升了 2.1 个百分点，中国手机网民规模达 5.57 亿，较 2013 年底增加 5672 万人，网中使用手机上网人群占比由 2013 年的 81.0% 提升至 85.8%[1]；从信息化发展看，2014 年全国信息化发展指数为 66.56，比 2013 年增长了 5.86。其中，网络就绪度指数为 60.94，增长了 10.05；信息通信技术应用指数为 69.38，增长了 3.05；应用效益指数为 72.19，增长了 3.11[2]。当前，网络攻击、网络诈骗等网络安全问题频繁发生，结合信息化发展的情况，我国整体网络安全需求大幅提升。

[1]　《中国互联网络发展状况统计报告》，中国互联网络信息中心，2015年1月。
[2]　《2014年中国信息化发展水平评估报告》，中国电子信息产业发展研究院，2015年1月。

然而，我国在信息核心技术自主研发、网络安全技术产业的总体投入方面远远落后，国内基础软硬件企业在技术能力和产品可用性方面仍远落后于国外企业，国内网络安全企业能力仍未有大幅提升，甚至在互联网企业的挤压下，一些传统网络安全标志性企业陷入较大的经营困境。

第五节　网络安全问题日益突出

新型网络攻击直指国家基础信息网络与重要信息系统。一是APT威胁引发的系统性、结构性风险急剧攀升，我国广泛应用的大量进口工控设备中存在严重安全漏洞，能源化工、基础交通、电力生产配送安全面临重重风险，若核心数据和敏感信息被窃被泄、重要系统和服务被停被断，将对我国经济运行和社会稳定产生极大的干扰。二是公众网络安全短板日渐显露，针对广电网络的敌对攻击已成为广电网络面临的严峻挑战，如2014年8月份浙江温州有线电视的机顶盒系统遭遇黑客入侵，被插播大量反动画面，该插播事件凸显出广播电视直播、互联网音视频服务的安全隐患。三是互联网金融安全问题频发，如央视于2014年1月份曝光支付宝找回密码功能存在系统漏洞，类似攻击将造成巨大的经济损失及名誉损失，使得用户对互联网金融安全的信任度急剧下降。

技术漏洞多发并呈现出集中化趋势。一是系统漏洞、后门隐患问题升级，据统计，截至2014年12月31日，中国国家信息安全漏洞库（CNNVD）漏洞总量已达72447个，2014年新增漏洞8582个，与前一年增长数量相比大幅上升。二是移动终端漏洞激增，隐私被泄、资金被窃时有发生，如央视曝光的黑客通过公共场所免费WiFi诱导用户链接而获取手机中银行卡、支付宝等账户信息从而盗取资金。三是互联网新技术、新产品、新应用不断触发新风险，斯诺登披露的“棱镜”项目使得云服务安全问题再次提上重要议程，目前我国有千万级用户正在使用美国云计算提供商提供的各项服务，而微软等多家互联网巨头借在华提供云服务之机窃取我敏感信息，并向美回传大量数据，严重损害我国家及公民利益。四是技术漏洞无处不在，安全隐患频现。2014年曝光的“心脏出血漏洞”、“Struts2漏洞”不仅可以被利用攻击目标服务器，破解网络加密，窃取用户敏感数据信息，而且其所带来的互联网安全灾难将可能波及世界各国政府、互联网企业、金融机构、运营商等大型网站，直接威胁网络空间关键基础设施的安全。

政 策 篇

第四章　2014年我国网络安全重要政策文件

第一节　国务院关于授权国家互联网信息办公室负责互联网信息内容管理工作的通知[1]

一、出台背景

由于历史原因，我国网络安全管理形成了“九龙治水”格局。这种管理体制的弊端十分明显，主要是多头管理、职能交叉、权责不一、效率不高。2014 年 2 月，中央网络安全和信息化领导小组成立，习近平同志亲自担任组长，负责统筹协调涉及经济、政治、文化、社会及军事等各个领域的网络安全和信息化重大问题，旨在有效整合相关机构职能，形成我国网络安全管理合力。该领导小组办公室（以下简称中央网信办）设在国家互联网信息办公室，鲁炜同志兼任主任。为明晰新组建的国家互联网信息办公室的职责，2014 年 8 月 26 日，国务院发布《国务院关于授权国家互联网信息办公室负责互联网信息内容管理工作的通知》（以下简称《通知》）。

二、主要内容

《通知》的内容简单，即：为促进互联网信息服务健康有序发展，保护公民、法人和其他组织的合法权益，维护国家安全和公共利益，授权重新组建的国家互联网信息办公室负责全国互联网信息内容管理工作，并负责监督管理执法。

[1]　国务院，《国务院关于授权国家互联网信息办公室负责互联网信息内容管理工作的通知》，http://www.gov.cn/zhengce/content/2014-08/28/content_9056.htm，2014年8月26日。

三、简要评析

中央网信办是中央层面统管网络安全事务的领导机构，新组建的国家互联网信息办公室是国务院层面负责网络安全事务的统筹协调机构，“一套人马、两块牌子”。《通知》授权国家互联网信息办公室负责全国互联网信息内容管理工作，有利于我国形成从技术到内容、从日常安全到互联网犯罪的网络安全管理合力，更有效地应对网络安全威胁和开展各项防御工作。

第二节　国务院办公厅关于加强政府网站信息内容建设的意见[1]

一、出台背景

政府网站是网络时代政府履行职责的重要平台，是政府与公众互动交流的重要渠道。近年来，各级政府加快运用信息技术转变政府职能、创新管理服务、提升治理能力，政府网站成为了信息公开、回应关切、提供服务的重要载体。但一些政府网站也存在内容更新不及时、信息发布不准确、意见建议不回应等问题，严重影响政府公信力。基于此，2014 年 11 月 17 日，经国务院同意，国务院办公厅发布了《关于加强政府网站信息内容建设的意见》(以下简称《意见》)。

二、主要内容

《意见》要求将政府网站打造成更加及时、准确、有效的政府信息发布、互动交流和公共服务平台，为转变政府职能、提高管理和服务效能，推进国家治理体系和治理能力现代化发挥积极作用，并明确提出了四方面的政策措施。

一是加强政府网站信息发布。强化信息发布更新，第一时间发布政府重要会议、重要活动、重大政策信息，对于内容更新没有保障的栏目要及时归并或关闭。加大政策解读力度，政府研究制定重大政策时，要同步做好网络政策解读方案，要提供相关背景、案例、数据等，还可通过数字化、图表图解、音频、视频等方式予以展现。做好社会热点回应，涉及本地区、本部门的重大突发事件、应急事件，要依法按程序在第一时间通过政府网站发布信息，公布客观事实，围绕社会关注的热点问题要通过政府网站作出积极回应。加强互动交流，收到网民意见建

[1]　国务院办公厅：《国务院办公厅关于加强政府网站内容建设的意见》，http://www.gov.cn/zhengce/content/2014-12/01/content_9283.htm，2014年11月17日。

议后，对其中有价值、有意义的应在7个工作日内反馈处理意见，情况复杂的可延长至15个工作日，无法办理的应予以解释说明。

二是提升政府网站传播能力。拓宽网站传播渠道，政府网站要提供面向主要社交媒体的信息分享服务，加强手机、平板电脑等移动终端应用服务，积极利用微博、微信等新技术新应用传播政府网站内容，方便公众及时获取政府信息。建立完善联动工作机制，各级政府网站之间要加强协同联动，发挥政府网站集群效应，国务院发布对全局工作有指导意义、需要社会广泛知晓的政策信息时，各级政府网站应及时转载、链接；发布某个行业或地区的政策信息时，涉及到的部门和地方政府网站应及时转载、链接。加强与新闻媒体协作，增进政府网站同新闻网站以及有新闻资质的商业网站等的协同，最大限度地提高政府信息的影响力，将政府声音及时准确传递给公众。规范外语版网站内容，开设外语版网站要有专业、合格的支撑能力，用专业外语队伍保障内容更新，确保语言规范准确。

三是完善信息内容支撑体系。建立主管主办政府网站的信息内容建设协调机制，按照"谁主管谁负责"、"谁发布谁负责"，根据职责分工，向有关方面安排落实信息提供任务。规范信息发布流程，职能部门要根据不同内容性质分级分类处理，选择信息发布途径和方式，要做好信息公开前的保密审查工作，防止失泄密问题。加强网上网下融合，建立政府网站信息员、联络员制度。理顺外包服务关系，对于外包的业务和事项，严格审查服务单位的业务资质、服务能力、人员素质，核实管理制度、响应速度、应急预案，签订合作协议，应划清自主运行和外包服务的关系。

四是加强组织保障。按照属地管理和主管主办的原则，完善政府网站内容管理体系。推进集约化建设，在确保安全的前提下，各省（区、市）要建设本地区统一的政府网站技术平台。建立网站信息内容建设管理规范，国务院办公厅牵头组织编制政府网站发展指引，明确政府网站内容建设、功能要求等。加强人员和经费等保障，明确具体负责协调推进政府网站内容建设的工作机构和专门人员，各级财政要把政府网站内容保障和运行维护等经费列入预算，并保证逐步有所增加。完善考核评价机制，建立政府网站信息内容建设年度考核评估和督查机制，分级分类进行考核评估。加强业务培训。

三、简要评析

《意见》既肯定了前一阶段网站平台建设的成绩，又指明了下一阶段网站建设工作的重心要发生转向，转向信息内容建设；同时，还针对社会公众“吐槽”已久的老问题，提出了政府网站运行和管理等方面的要求。《意见》的发布，将促使政府网站更关注流动信息的质量，为各级政府通过改进信息内容发布和传播机制支撑政府工作、提升政府形象提供了契机，将促进各级政府网站走向成熟并不断保持生命力。

第三节　关于加强党政机关网站安全管理工作的通知[1]

一、出台背景

随着信息技术的应用尤其是电子政务的快速发展，党政机关网站已经成为宣传党的路线方针政策、公开政务信息的重要窗口，成为各级党政机关履行社会管理和公共服务职能、为民办事和了解掌握社情民意的重要平台。与此同时，党政机关网站日益成为网络攻击的重要对象，在党政机关网站安全管理工作中还存在网站开办审批不严格，安全防护手段滞后，网站信息发布管理制度不严格、电子邮件安全管理要求不明确等诸多问题，亟待解决。2014年5月9日，为提高党政机关网站安全防护水平，保障和促进党政机关网站建设，中央网信办发布《关于加强党政机关网站安全管理工作的通知》(以下简称《通知》)。

二、主要内容

《通知》从严格网站开办审核、严格网站信息发布、强化网站应用安全管理、建立网站标识制度、加强党政机关电子邮件管理、加强网站技术防护体系建设等方面，对党政机关网站提出了安全管理要求。主要内容如下：

一是严格网站开办审核。不具有行政管理职能的事业单位原则上不得开办党政机关网站，企业、个人以及其他社会组织不得开办党政机关网站。党政机关网站要使用以“.gov.cn”、“.政务.cn”或“.政务”为结尾的域名，并及时备案。中央机构编制委员会办公室电子政务中心、中国互联网络信息中心配合做好党政

[1]　中央网信办：《关于加强党政机关网站安全管理工作的通知》，http://www.cac.gov.cn/2014-05/10/c_1112142115.htm，2015年5月9日。

机关网站开办审核和资格复核工作。《通知》还要求，为党政机关提供网站和邮件服务的数据中心、云计算服务平台等要设在境内，采购和使用社会力量提供的网站和电子邮件等服务时应进行网络安全审查。

二是严格党政机关网站信息发布、转载和链接管理。各地区各部门要建立健全网站信息发布审核和保密审查制度，明确审核审查程序，指定机构和人员负责审核审查工作，建立审核审查记录档案，确保信息内容的准确性、真实性和严肃性，确保信息内容不涉及国家秘密和内部敏感信息。加强网站链接管理，定期检查链接的有效性和适用性，需要链接非党政机关网站的，须经本单位分管网站安全工作的负责同志批准。采取技术措施，在用户点击链接离开党政机关网站时予以明确提示。

三是强化党政机关网站应用安全管理。网站开通前要进行安全测评，新增栏目、功能要进行安全评估。严格对博客、微博等服务的管理；党政机关网站原则上不开办对社会开放的论坛等服务。严格遵守相关规定、标准和协议要求，加强党政机关网站中重要政务信息、商业秘密和个人信息的保护，防止未经授权使用、修改和泄露。

四是建立党政机关网站标识制度。《通知》明确了相关部门和机构在假冒党政机关网站中的作用：中央机构编制委员会办公室会同有关部门抓紧设计党政机关网站统一标识，组织制定党政机关网站标识使用规范；科技部、工业和信息化部要组织研制专门技术工具，自动监测发现盗用党政机关网站标识行为和仿冒的党政机关网站；国家互联网信息办公室要组织网络等媒体加强宣传教育，提高公众识别真假党政机关网站的能力；违法和不良信息举报中心受理仿冒党政机关网站举报并组织处置。

五是加强党政机关电子邮件安全管理。各党政机关专用电子邮件系统注册审批与登记，各单位网站邮箱原则上只限于本单位工作人员注册使用。严格电子邮件使用管理，明确电子邮件账号、密码管理要求，有条件的单位应使用数字证书等手段提高邮件账户安全性。严禁通过互联网电子邮箱办理涉密业务，存储、处理、转发国家秘密信息和重要敏感信息。

六是加强党政机关网站技术防护体系建设。各地区各部门在规划建设党政机关网站时，建立以网页防篡改、域名防劫持、网站防攻击以及密码技术、身份认证、访问控制、安全审计等为主要措施的网站安全防护体系。切实落实信息安全等级保护等制度要求，做好党政机关网站定级、备案、建设、整改和管理工作。制定完善党政机关网站安全应急预案，开展网站应急演练，提高应急处置能力。合理建设或利用社会专业灾备设施，做好党政机关网站灾备工作。采取有效措施提高党政机关网站域名解析安全保障能力。统筹组织专业技术力量对中央和国家机关网站开展日常安全监测。

三、简要评析

《通知》对于促进党政机关网站规范化建设，提升政务信息系统安全管理，确保党政机关网站安全运行、健康发展，以及加强党委、政府自身建设，推行行政体制改革和政府职能转变，建设服务型政府具有重要意义。

第四节　关于应用安全可控信息技术加强银行业网络安全和信息化建设的指导意见[1]

一、出台背景

“棱镜门”事件后，信息技术产品的网络安全隐患问题受到了更多关注，社会各界从维护国家网络安全角度出发，提出要关注信息技术产品尤其是国外产品的网络安全隐患和风险，加快自主可控信息技术产品的推广应用。2014 年，我国出台了一系列加快自主可控信息技术产品应用的政策，例如：5 月 16 日，中央国家机关政府采购中心发布通知，要求入围中央机关采购范围内的所有计算机类产品均不允许安装微软视窗 8 操作系统；5 月 22 日，国家互联网信息办公室宣布将推出网络安全审查制度，对关系国家安全和公共利益的系统使用的重要技术产品和服务进行网络安全审查；7 月 31 日，中央政府采购网公布了最新采购目录，将赛门铁克和卡巴斯基排除在外。银行业是关系国计民生的重要行业，长期以来，我国银行业大量使用进口的信息技术产品，带来了较大的网络安全风险。早在 2012 年，中国银监会就确立了银行业“自主可控”战略，并于 2013 年开展试点示范。为推动安全可控信息技术在银行业的应用，9 月 3 日中国银监会、国家发展改革委、科技部、工业和信息化部发布《关于应用安全可控信息技术加强银行业网络安全和信息化建设的指导意见》（以下简称《指导意见》）。

[1] 银监会：《关于应用安全可控信息技术加强银行业网络安全和信息化建设的指导意见》，http://www.cbrc.gov.cn/govView_115696B8621049099A0B880DAB133A33.html，2014年9月3日。

二、主要内容

《指导意见》提出了银行业推进安全可控信息技术的总体目标、任务要求和主要措施，主要内容如下：

一是明确银行业推进安全可控信息技术的总体目标。《指导意见》明确提出：建立银行业应用安全可控信息技术的长效机制，制定配套政策，建立推进平台，大力推广使用能够满足银行业信息安全需求，技术风险、外包风险和供应链风险可控的信息技术；到2019年，掌握银行业信息化的核心知识和关键技术；实现银行业关键网络和信息基础设施的合理分布，关键设施和服务的集中度风险得到有效缓解；安全可控信息技术在银行业总体达到75%左右的使用率，银行业网络安全保障能力不断加强；信息化建设水平稳步提升，更好地保护消费者权益，维护经济社会安全稳定。

二是明确银行业推进安全可控信息技术产品的任务要求。《指导意见》提出了六项任务：第一，完善信息科技治理机制。银行业金融机构将安全可控信息技术应用纳入战略规划，建立以安全可控、自主创新为导向的制度体系，有序推进整体架构自主设计、核心应用自主研发、核心知识自主掌握、关键技术自主应用等重点工作。第二，优化信息系统架构。银行业金融机构要建立安全、可靠、高效、开放、弹性的信息系统总体架构，从战略角度规划和建设业务连续性系统架构，应当至少有一种基于安全可控信息技术架构的数据级或应用级存储、备份、归档和容灾等一体化的业务连续性方案。第三，优先应用安全可控信息技术。银行业金融机构应按年度制定应用推进计划，在涉及客户敏感数据的信息处理环节，应优先使用安全可靠、风险可控的信息技术和服务；从2015年起，各银行业金融机构对安全可控信息技术的应用以不低于15%的比例逐年增加。第四，积极推动信息技术自主创新。银行业金融机构应积极尝试应用安全可靠、自主创新的信息技术，探索通过统一标准、统筹产品、联合攻关、试点示范等，加快自主创新信息技术应用磨合适配及系统性优化。第五，积极参与安全可控信息技术研发。银行业金融机构应加强与产业机构、大学和科研机构的合作，在核心应用基础架构、操作系统、数据库、中间件和银行业专用设备等领域加大研究力度，集中突破制约安全可控发展的关键技术；2015年起，银行业金融机构应安排不低于5%的年度信息化预算，专门用于支持本机构围绕安全可控信息系统开展前瞻性、创新性和规划性研究，支持本机构掌握信息化核心知识和技能。第六，加强知识产权保护与标准规范建设。银行业金融机构应加强知识产权保护，积极参与各类技术标准的研究和制定工作，推进安全可控信息技术的标准化、专利化。

三是明确银行业推进安全可控信息技术产品的主要措施。第一，建立银行业信息安全审查和风险评估制度。建立银行业网络安全审查标准，加强银行业专用信息技术和产品的安全检测；建立常态化的风险评估制度，建立信息技术在银行业应用过程中的风险识别、评估和控制机制，加强功能测试、性能测试和安全性测试；密切跟踪安全可控信息技术的应用情况，建立缺陷库和风险库。第二，建立银行业安全可控信息技术落地推进平台。组建银行业安全可控信息技术创新战略联盟，创建技术实验室和国家工程实验室，协调银行业金融机构、信息技术企业、大学和研究机构等共同推进安全可控信息技术的研究和推广。第三，组织开展银行业应用安全可控信息技术示范项目。组织开展安全可控信息技术在银行业的应用示范，加大力度支持银行业应用安全可控信息技术。第四，制定银行业应用安全可控信息技术推进指南。逐年制定推进指南，对推进领域、重点信息技术和产品以及推进方案予以细化。第五，持续监督和评价。建立银行业金融机构应用安全可控信息技术工作情况的监督评价机制，逐年对银行业金融机构应用安全可控信息技术情况进行考核。

三、简要评析

在银监会的大力推动下，我国银行业信息科技自主可控进程逐步加快，据统计，安全可控网络设备、PC 服务器占比翻番，网络设备占比超过 50%，安全可控的文字处理软件普及速度加快。《指导意见》是银行业推进自主可控信息技术产品应用的一部重要文件，确立了开放合作、自主创新的原则和思路，既明确了总体目标和指导原则，又提出了具体的任务要求，不仅对银行业发展具有关键的引导作用，而且也将对国内信息技术产业发展产生积极深远的影响。

第五节　工业和信息化部关于加强电信和互联网行业网络安全工作的指导意见[1]

一、出台背景

近年来，电信和互联网行业不断强化网络安全工作，网络安全保障能力明显提高。但面对日益严峻复杂的网络安全威胁和挑战，我国电信和互联网行业网络安全工作还存在一些亟待解决的问题，突出表现在：重发展、轻安全思想普遍存在，网络安全工作体制机制不健全，网络安全技术能力和手段不足，关键软硬件安全可控程度低等。为切实加强和改进网络安全工作，进一步提高电信和互联网行业网络安全保障能力和水平，2014年8月28日工业和信息化部发布《关于加强电信和互联网行业网络安全工作的指导意见》（以下简称《指导意见》）。

二、主要内容

《指导意见》明确了电信和互联网行业网络安全工作的总体要求，工作重点和保障措施，主要内容如下：

一是明确了总体要求。认真贯彻落实党的十八大、十八届三中全会以及中央网络安全和信息化领导小组第一次会议关于维护网络安全的有关精神，坚持以安全保发展、以发展促安全，坚持安全与发展工作统一谋划、统一部署、统一推进、统一实施，坚持法律法规、行政监管、行业自律、技术保障、公众监督、社会教育相结合，坚持立足行业、服务全局，以提升网络安全保障能力为主线，以完善网络安全保障体系为目标，着力提高网络基础设施和业务系统安全防护水平，增强网络安全技术能力，强化网络数据和用户信息保护，推进安全可控关键软硬件应用，为维护国家安全、促进经济发展、保护人民群众利益和建设网络强国发挥积极作用。

二是提出了八项工作重点。第一，深化网络基础设施和业务系统安全防护。认真落实《通信网络安全防护管理办法》和通信网络安全防护系列标准，做好定级备案，严格落实防护措施，定期开展符合性评测和风险评估，及时消除安全隐

[1]　《工业和信息化部关于加强电信和互联网行业网络安全工作的指导意见》，http://www.gov.cn/xinuen/2014-08/29/content-2742159.html。

患。加强网络和信息资产管理，全面梳理关键设备列表，明确每个网络、系统和关键设备的网络安全责任部门和责任人。加强公共递归域名解析系统的域名数据应急备份。加强网络和系统上线前的风险评估。第二，提升突发网络安全事件应急响应能力。认真落实工业和信息化部《公共互联网网络安全应急预案》，制定和完善本单位网络安全应急预案。健全大规模拒绝服务攻击、重要域名系统故障、大规模用户信息泄露等突发网络安全事件的应急协同配合机制。加强应急预案演练，定期评估和修订应急预案。提高突发网络安全事件监测预警能力，加强预警信息发布和预警处置，对可能造成全局性影响的要及时报通信主管部门。严格落实突发网络安全事件报告制度。建设网络安全应急指挥调度系统，提高应急响应效率。第三，维护公共互联网网络安全环境。认真落实工业和信息化部《木马和僵尸网络监测与处置机制》、《移动互联网恶意程序监测与处置机制》，建立健全钓鱼网站监测与处置机制。加强木马病毒样本库、移动恶意程序样本库、漏洞库、恶意网址库等建设，促进行业内网络安全威胁信息共享。加强对黑客地下产业利益链条的深入分析和源头治理，积极配合相关执法部门打击网络违法犯罪。第四，推进安全可控关键软硬件应用。根据《通信工程建设项目招标投标管理办法》的有关要求，在关键软硬件采购招标时统筹考虑网络安全需要，在招标文件中明确对关键软硬件的网络安全要求。加强关键软硬件采购前的网络安全检测评估，通过合同明确供应商的网络安全责任和义务。加大重要业务应用系统的自主研发力度，开展业务应用程序源代码安全检测。第五，强化网络数据和用户个人信息保护。认真落实《电信和互联网用户个人信息保护规定》，严格规范用户个人信息的收集、存储、使用和销毁等行为，落实各个环节的安全责任，完善相关管理制度和技术手段。落实数据安全和用户个人信息安全防护标准要求，完善网络数据和用户信息的防窃密、防篡改和数据备份等安全防护措施。发生大规模用户个人信息泄露事件后要立即向通信主管部门报告，并及时采取有效补救措施。第六，加强移动应用商店和应用程序安全管理。加强移动应用商店、移动应用程序的安全管理，督促应用商店建立健全移动应用程序开发者真实身份信息验证、应用程序安全检测、恶意程序下架、恶意程序黑名单、用户监督举报等制度。建立健全移动应用程序第三方安全检测机制。推动建立移动应用程序开发者第三方数字证书签名和应用商店、智能终端的签名验证和用户提示机制。完善移动恶意程序举报受理和黑名单共享机制。第七，加强新技术新业务网络安全管理。加强对云计算、大数据、物联网、移动互联网、下一代互联网等新技术新业务网络安全问题的跟踪研究，加快推进相关网络安全防护标准研制，完善和落实相应的网络安全防护措施。积极开展新技术新业务网络安全防护技术的试点示范。加强新业务网络安全风险评估和网络安全防护检查。第八，强化网络安全技术能力和手段建设。深入开展网络安全监测预警、漏洞挖掘、恶意代码分析、检测评估和溯源取证技术研究，加强高级可持续攻击应对技术研究。建立和完善入侵检测与防御、防病毒、防拒绝服务攻击、异常流量监测、网页防篡改、域名安全、漏洞扫描、集中账号管理、数据加密、安全审计等网络安全防护技术手段。健全基于网络侧的木马病毒、移动恶意程序等监测与处置手段。积极研究利用云计算、大数据等新技术提高网络安全监测预警能力。促进企业技术手段与通信主管部门技术手段对接，制定接口标准规范，实现监测数据共享。

三是提出了五项保障措施。加强网络安全监管，通信主管部门要切实履行电信和互联网行业网络安全监管职责，不断健全网络安全监管体系，进一步完善网络安全防护标准和有关工作机制，加大对基础电信企业的网络安全监督检查和考核力度，加强对互联网域名注册管理和服务机构以及增值电信企业的网络安全监管。充分发挥行业组织支撑政府、服务行业的桥梁纽带作用，大力开展电信和互联网行业网络安全自律工作，支持相关行业组织和专业机构开展面向行业的网络安全法规、政策、标准宣贯和知识技能培训、竞赛，促进网络安全管理和技术交流。落实企业主体责任，相关企业要从维护国家安全、促进经济社会发展、保障用户利益的高度，充分认识做好网络安全工作的重要性、紧迫性，切实加强组织领导，落实安全责任，健全网络安全管理体系。加大资金保障力度，基础电信企业要在加大网络和业务发展投入的同时，同步加大网络安全保障资金投入，并将网络安全经费纳入企业年度预算。加强人才队伍建设，基础电信企业要建立健全网络安全专业岗位持证上岗制度，加强网络安全培训，积极组织和参与网络安全知识技能竞赛。

三、简要评析

随着网络威胁的复杂化，我国基础信息网络面临的网络安全形势异常严峻。美国利用技术优势对我国基础信息网络实施全方位监控，大规模持续性网络攻击将基础信息网络作为重要目标，新技术新业务带来的网络安全问题逐渐凸显。《指导意见》从深化网络基础设施和业务系统安全防护、提升突发网络安全事件应急响应能力、维护公共互联网网络安全环境等方面提出了相关要求，对于提高基础信息网络安全保障能力和水平、有效应对网络安全威胁和挑战具有重要意义。

第五章　2014年我国网络安全重要法律规范

第一节　保守国家秘密法实施条例[1]

一、出台背景

随着经济社会的快速发展和互联网的普及应用，我国保密工作难度日益加大，面临的形势日趋复杂严峻，尤其是通过互联网泄密等行为时有发生。为加强新形势下的保密工作，2010 年我国修订了保守国家秘密法，确立了一系列新的制度、措施，原有的保守国家秘密法实施办法与之已不相适应，需要作出相应的调整补充。同时，新修订的保守国家秘密法的一些内容还比较原则，需要细化。鉴于此，我国着手保守国家秘密法配套条例的修订工作，并于 2014 年 1 月 17 日公布《保守国家秘密法实施条例》（以下简称《实施条例》），自 3 月 1 日起施行。

二、主要内容

《实施条例》共 6 章 45 条，围绕加强保密管理作出了新规定、提出了新要求，涉及定密制度、保密制度和保密监督管理等方面。主要内容如下：

一是明确了保密事项范围的法律地位。保密事项范围是指国家秘密及其密级的具体范围。在近几年的实践中，国家保密局会同中央有关机关制定、修订了一批保密事项范围，并在有关范围内印发。《实施条例》在总结提炼实践经验的基础上，对保密事项范围基本内容和形式作了规定，第八条规定：国家秘密及其密级的具体范围（以下称保密事项范围）应当明确规定国家秘密具体事项的名称、

[1]　国务院：《中华人民共和国保守国家秘密法实施条例》，http://www.gov.cn/zwgk/2014-02/03/content_2579949.htm，2014年1月17日。

密级、保密期限、知悉范围；保密事项范围应当根据情况变化及时调整。

二是细化了定密责任人和定密授权制度。定密责任人制度是保守国家秘密法新确立的制度，《实施条例》细化了法律规定，明确规定了定密责任人及其职责。第九条规定，机关、单位负责人为本机关、本单位的定密责任人，根据工作需要，可以指定其他人员为定密责任人；第十条规定，定密责任人在职责范围内承担有关国家秘密确定、变更和解除工作，包括审核批准本机关、本单位产生的国家秘密的密级、保密期限和知悉范围，对本机关、本单位产生的尚在保密期限内的国家秘密进行审核等。在定密授权制度方面，《实施条例》明确了定密授权主体，限定了授权权限，规范了授权形式。第十一条规定，中央国家机关、省级机关以及设区的市、自治州级机关可以根据保密工作需要或者有关机关、单位的申请，在国家保密行政管理部门规定的定密权限、授权范围内作出定密授权；定密授权应当以书面形式作出。

三是对涉密信息系统保密管理提出了明确要求。首先，详细规定了涉密信息系统分级保护制度。《实施条例》第二十三条规定，涉密信息系统按照涉密程度分为绝密级、机密级、秘密级，机关、单位应当根据涉密信息系统存储、处理信息的最高密级确定系统的密级，按照分级保护要求采取相应的安全保密防护措施。其次，详细规定涉密信息系统投入使用审查制度。《实施条例》第二十四条规定，涉密信息系统应当由国家保密行政管理部门设立或者授权的保密测评机构进行检测评估，并经设区的市、自治州级以上保密行政管理部门审查合格，方可投入使用。再次，对涉密信息系统运行使用管理提出明确要求。《实施条例》第二十五条规定，机关、单位应当加强涉密信息系统的运行使用管理，指定专门机构或者人员负责运行维护、安全保密管理和安全审计，定期开展安全保密检查和风险评估；涉密信息系统的密级、主要业务应用、使用范围和使用环境等发生变化或者涉密信息系统不再使用的，应当按照国家保密规定及时向保密行政管理部门报告，并采取相应措施。

三、简要评析

《实施条例》是我国保守国家秘密法修订后的又一件大事，它充实和完善了我国保密法律制度体系，对于提高全社会保密法制观念，推动保密工作科学发展，更好地维护国家安全和利益，具有十分重要的意义。《实施条例》为机关、单位依法履行保密职责、加强国家秘密管理提供了更加明确的依据，为提升新形势下保密管理的科学化和规范化水平提供了制度保证，对于规范保密行政行为，实现保密行政管理科学、公正、严格、高效将起到积极推动作用。

第二节　最高人民法院关于审理利用信息网络侵害人身权益民事纠纷案件适用法律若干问题的规定[1]

一、出台背景

近年来，随着互联网的快速发展，利用网络侵害他人名誉权、隐私权、肖像权等民事权益的案件不断涌现，呈现出快速上升趋势，部分案件引起了较大的甚至是恶劣的社会影响，成为社会热点问题。由于现行法律对网络侵权的规定较原则、司法实践中尚未发展出有效的裁判规则等原因，上述案件在法律适用上存在诸多难点。为贯彻党的十八大提出的依法加强互联网管理的精神，有效规范网络空间行为，保护自然人、法人的民事权益，最高人民法院根据民法通则、侵权责任法、全国人民代表大会常务委员会关于加强网络信息保护的决定和民事诉讼法等法律的相关规定，在认真总结审判经验的基础上，经过反复调研论证和广泛征求意见，制定出台了《最高人民法院关于审理利用信息网络侵害人身权益民事纠纷案件适用法律若干问题的规定》（以下简称《规定》）。《规定》于2014年6月23日由最高人民法院审判委员会第1621次会议通过，8月21日公布，自10月10日起施行。

二、主要内容

《规定》适用于利用信息网络侵害他人姓名权、名称权、名誉权等人身权益引发的纠纷案件，共19个条文，主要规定了如下内容：

一是对网络侵权案件的管辖等程序问题作出规定。按照民事诉讼法所确定的"方便当事人诉讼、方便人民法院审理"的"两便"原则，并考虑互联网的技术特征，《规定》第二条明确，利用信息网络侵害人身权益提起的诉讼，由侵权行为地或者被告住所地人民法院管辖，侵权行为地包括侵权行为实施地和侵权结果发生所在地，侵权行为实施地包括实施被诉侵权行为的终端设备所在地，侵权结

[1] 最高人民法院：《最高人民法院关于审理利用信息网络侵害人身权益民事纠纷案件适用法律若干问题的规定》，http://www.court.gov.cn/fabu-xiangqing-6777.html，2014年8月21日。

果发生地包括被侵权人住所地。鉴于网络侵权案件往往难以确定实施侵权行为的网络用户身份，《规定》第三条、第四条还对被告或第三人追加、网络服务提供者在审判实践中的告知义务作了规定：第三条明确，原告仅起诉网络服务提供者或者网络用户的，被起诉者请求追加其他涉嫌侵权人为共同被告或第三人的，人民法院应予准许；第四条规定，网络服务提供者以涉嫌侵权的信息系网络用户发布为由抗辩时，人民法院可以根据原告的请求及案件的具体情况，责令网络服务提供者向人民法院提供能够确定涉嫌侵权的网络用户的姓名（名称）、联系方式、网络地址等信息。

二是进一步细化了网络侵权"避风港规则"的具体适用。网络侵权"避风港规则"是侵权责任法确立的一项重要规则，但是由于法律对该规则的具体适用问题缺乏明确规定，给审判工作造成困难。为此，《规定》对被侵权人应当以何种形式通知、通知的内容、网络服务提供者采取措施是否及时、网络服务提供者错误采取措施的责任等具体适用问题予以明确。第五条规定，被侵权人以书面形式或者网络服务提供者公示的方式向网络服务提供者发出通知，通知包含通知人的姓名（名称）和联系方式、要求采取必要措施的网络地址或者足以准确定位侵权内容的相关信息、通知人要求删除相关信息的理由等内容；第六条规定，人民法院认定网络服务提供者采取的删除、屏蔽、断开链接等必要措施是否及时，应当根据网络服务的性质、有效通知的形式和准确程度，网络信息侵害权益的类型和程度等因素综合判断；第八条规定，因通知人的通知导致网络服务提供者错误采取删除、屏蔽、断开链接等措施，被采取措施的网络用户请求通知人承担侵权责任的，人民法院应予支持。

三是明确了网络服务提供者是否"知道"侵权的认定问题。侵权责任法第三十六条规定网络服务提供者知道侵权行为的，应当承担连带责任。但是，在司法实践中应如何认定"知道"，还缺乏具体的规则。如果认定标准过严，则网络服务提供者的负担过重，不利于我国互联网的快速发展；如果认定标准过于宽松，则网络服务提供者不能谨慎履行注意义务，放纵了网络侵权行为。综合考虑上述情况，《规定》第九条明确，人民法院认定网络服务提供者是否"知道"，应当综合考虑下列因素：网络服务提供者是否以人工或者自动方式对侵权网络信息以推荐、排名、选择、编辑、整理、修改等方式作出处理；网络服务提供者应当具备的管理信息的能力，以及所提供服务的性质、方式及其引发侵权的可能性大小；

该网络信息侵害人身权益的类型及明显程度；该网络信息的社会影响程度或者一定时间内的浏览量；网络服务提供者采取预防侵权措施的技术可能性及其是否采取了相应的合理措施；网络服务提供者是否针对同一网络用户的重复侵权行为或者同一侵权信息采取了相应的合理措施；与本案相关的其他因素。

四是明确了利用自媒体等转载网络信息行为的过错认定问题。近年来以博客、微博、微信等为代表的自媒体迅猛发展，在传播速度、范围和影响力上都有超过传统媒体之势。与此同时，利用自媒体转载虚假信息、传播网络谣言等行为也呈现快速增长趋势。对自媒体转载网络信息行为的过错及其程度，《规定》第十条规定，人民法院认定网络用户或者网络服务提供者转载网络信息行为的过错及其程度，应当综合以下因素：转载主体所承担的与其性质、影响范围相适应的注意义务；所转载信息侵害他人人身权益的明显程度；对所转载信息是否作出实质性修改，是否添加或者修改文章标题，导致其与内容严重不符以及误导公众的可能性。同时第十三条规定，网络用户或者网络服务提供者，根据国家机关依职权制作的文书和公开实施的职权行为等信息来源所发布的信息，有下列情形之一，侵害他人人身权益，被侵权人请求侵权人承担侵权责任的，人民法院应予支持：网络用户或者网络服务提供者发布的信息与前述信息来源内容不符；网络用户或者网络服务提供者以添加侮辱性内容、诽谤性信息、不当标题或者通过增删信息、调整结构、改变顺序等方式致人误解；前述信息来源已被公开更正，但网络用户拒绝更正或者网络服务提供者不予更正；前述信息来源已被公开更正，网络用户或者网络服务提供者仍然发布更正之前的信息。

五是明确了个人信息保护范围。2012年全国人大常委会通过了《关于加强网络信息保护的决定》，确立了个人信息尤其是个人电子信息保护合法、正当、必要的三项原则。但是，个人电子信息的保护仍然面临着诸多挑战。针对利用信息网络公开个人信息的行为，《规定》第十二条明确，网络用户或者网络服务提供者利用网络公开自然人基因信息、病历资料、健康检查资料、犯罪记录、家庭住址、私人活动等个人隐私和其他个人信息，造成他人损害，被侵权人请求其承担侵权责任的，人民法院应予支持。

六是明确了非法删帖、网络水军等互联网灰色产业的责任承担问题。伴随着互联网尤其是移动互联网的快速发展，我国非法删帖、网络水军等互联网灰色产业也应运而生。针对此，《规定》第十四条明确，被侵权人与构成侵权的网络用户或者网络服务提供者达成一方支付报酬，另一方提供删除、屏蔽、断开链接等服务的协议，人民法院应认定为无效。第十五条规定，雇佣、组织、教唆或者帮助他人发布、转发网络信息侵害他人人身权益，被侵权人请求行为人承担连带责任的，人民法院应予支持。

三、简要评析

针对互联网发展过程中出现的法律适用问题，最高人民法院已经出台了《关于审理侵害信息网络传播权民事纠纷案件适用法律若干问题的规定》、《关于办理利用信息网络实施诽谤等刑事案件适用法律若干问题的解释》等。这些与《规定》共同构成了我国互联网法律问题的裁判规则体系，对于规范网络行为、建立良好的网络秩序，具有重要的意义。

第三节　即时通信工具公众信息服务发展管理暂行规定[1]

一、出台背景

近年来，即时通信发展迅猛，据统计，截至 2014 年 12 月，我国即时通信网民规模达 5.88 亿，即时通信使用率 90.6%。但与此同时，一些不法分子利用即时通信工具大肆传播谣言、暴力、恐怖、欺诈色情等违法和不良信息，既扰乱了社会秩序，也阻碍了行业的健康发展，引起了广大网民的不满和深恶痛绝。适应社会各界规范即时通信工具公众信息服务发展管理的呼声，2014 年 8 月 7 日，中央网信办根据《全国人民代表大会常务委员会关于加强网络信息保护的决定》、《互联网信息服务管理办法》等法律法规，制定出台了《即时通信工具公众信息服务发展管理暂行规定》(以下简称《暂行规定》，旨在规范即时通信服务和使用行为，避免该通信工具为不法分子和别有用心的人所利用，使其成为广大网民充分理性发表意见、观点、建议和即时交流信息的工具和平台。

二、主要内容

《暂行规定》对当前即时通信工具公众信息服务中存在的大肆传播违法和不良信息的问题，从管理部门、行业资质、隐私保护、实名注册和遵守“七条底线”、

[1] 中央网信办：《即时通信工具公众信息服务发展管理暂行规定》，http://www.cac.gov.cn/2014-08/07/c_1111983456.htm，2014年8月7日。

公众号备案审核和时政新闻发布限制等方面，对即时通信服务和使用行为进行规范。《暂行规定》共10条，主要内容如下：

一是在管理部门方面，《暂行规定》第三条规定，国家互联网信息办公室负责统筹协调指导即时通信工具公众信息服务发展管理工作，省级互联网信息内容主管部门负责本行政区域的相关工作。

二是在行业资质方面，《暂行规定》第四条规定，即时通信工具服务提供者从事公众信息服务活动，应当取得互联网新闻信息服务资质。

三是在用户隐私保护方面，《暂行规定》第五条规定，即时通信工具服务提供者应当落实安全管理责任，建立健全各项制度，配备与服务规模相适应的专业人员，保护用户信息及公民个人隐私，自觉接受社会监督，及时处理公众举报的违法和不良信息。

四是在实名注册和遵守“七条底线”方面，《暂行规定》第六条规定，即时通信工具服务提供者应当按照“后台实名、前台自愿”的原则，要求即时通信工具服务使用者通过真实身份信息认证后注册账号，即时通信工具服务使用者注册账号时，应当与即时通信工具服务提供者签订协议，承诺遵守法律法规、社会主义制度、国家利益、公民合法权益、公共秩序、社会道德风尚和信息真实性等“七条底线”。

五是在公众号备案审核方面，《暂行规定》第七条要求，即时通信工具服务提供者应当将开设公众账号的即时通信工具服务使用者向互联网信息内容主管部门分类备案，并对可以发布或转载时政类新闻的公众账号加注标识。即时通信工具服务使用者为从事公众信息服务活动开设公众账号，应当经即时通信工具服务提供者审核。

六是在时政新闻发布限制方面，《暂行规定》第七条规定，除新闻单位、新闻网站开设的公众账号可以发布、转载时政类新闻，取得互联网新闻信息服务资质的非新闻单位开设的公众账号可以转载时政类新闻外，其他公众账号未经批准不得发布、转载时政类新闻。

七是在违法行为处罚方面，《暂行规定》第八条规定，对违反协议约定的即时通信工具服务使用者，即时通信工具服务提供者应当视情节采取警示、限制发布、暂停更新直至关闭账号等措施，并保存有关记录，履行向有关主管部门报告义务。第九条规定，对违反本规定的行为，由有关部门依照相关法律法规处理。

三、简要评析

《暂行规定》的推出，对规范即时通信服务和使用行为具有积极作用，但也引发了社会各界的一些担忧，例如：有观点认为，《暂行规定》是对微信等即时通信工具的打压，不利于其健康发展；有观点认为，《暂行规定》要求实名注册，是矫枉过正，侵害了用户的个人隐私；还有观点认为，《暂行规定》对网络言论自由将造成影响。对于这些担忧，需要深入分析。首先，《暂行规定》的整体基调并非要打压即时通信工具，而是兼顾了发展和管理，第七条明确提出鼓励各级党政机关、企事业单位和各人民团体开设公众账号，服务经济社会发展，满足公众需求。其次，《暂行规定》提出“后台实名、前台自愿”的原则，大大增加了违法和不良信息发布的成本，同时《暂行规定》要求即时通信工具服务提供者在真实身份信息注册各个环节采取有效措施，确保用户个人信息安全。最后，自由和秩序是辩证的关系，任何个人的自由必须在法律范围内行使，《暂行规定》提出的“七条底线”是最基本的要求，在该底线之上用户享有充分言论自由。总体看，《暂行规定》的出台虽然对微信等即时通信平台的多样化发展有所影响，但能有效净化网络环境，有利于推动行业的健康有序发展和维护广大用户的合法权益。

第六章　2014年我国网络安全重要标准规范

第一节　工业控制系统网络安全国家标准

一、出台背景

工业控制系统广泛用于冶金、电力、石油石化、核能等工业生产领域，以及航空、铁路、公路、地铁等公共服务领域，是国家关键生产设施和基础设施运行的中枢。从工业控制系统自身来看，随着计算机和网络技术的发展，尤其是信息化与工业化深度融合，工业控制系统越来越多地采用通用协议、通用硬件和通用软件，通过互联网等公共网络连接的业务系统也越来越普遍，这使得针对工业控制系统的攻击行为大幅度增长，也使得工业控制系统的脆弱性正在逐渐显现，面临的网络安全问题日益突出。2010 年爆发的针对工业控制系统的“震网”病毒、2012 年的“火焰”病毒、2014 年的“超级电厂”病毒等给工业控制系统安全带来了巨大威胁，同时直接或间接地威胁到国家安全。

美国、欧盟等国家和地区高度重视工业控制系统网络安全问题，美国国土安全部建设了著名的美国工业控制系统网络安全响应小组（ICS-CERT），开展工业控制系统网络安全保障工作，美国国家标准与技术研究院发布了《工业控制系统信息安全指南》，此外，欧洲网络与信息安全研究局发布了《工业控制系统网络安全白皮书》，对全面预防和防御工业控制系统遭受网络攻击提出建议。我国对工业控制系统网络安全也越来越重视，要求加强重点领域工业控制系统的网络安全管理，以保障工业生产运行安全、国家经济安全和人民生命财产安全，《“十二五”国家战略性新兴产业发展规划》、《标准化事业发展“十二五”规划》都将网络信息安全作为新一代信息技术产业的重点内容，工业和信息化部《关于加强工业控制系统信息安全管理的通知》，要求加强国家主要工业领域基础设施与工业控制系统的安全保护工作，《国务院关于大力推进信息化发展和切实保障信息安全的若干意见》也将保障工控系统等重点领域的网络安全作为一个重要方面来强调。

随着我国两化融合的深入开展，工业控制系统正面临越来越复杂的网络安全问题。由于基础薄弱，信息安全防护措施不足，而且系统产品严重依赖进口等，我国的工业控制系统网络安全威胁有增无减。为加强工业控制系统网络安全，相关标准化工作亟待加快。2014 年 12 月 2 日，两项推荐性国家标准《GB/T 30976.1–2014 工业控制系统信息安全 第 1 部分：评估规范》和《GB/T 30976.2–2014 工业控制系统信息安全 第 2 部分：验收规范》正式公开发布。该系列标准内容主要包括安全分级、安全管理基本要求、技术要求、安全检查测试方法等基本要求，适用于设备生产商、系统集成商、用户以及评估认证机构等对工业控制系统信息安全的评估和验收。

二、主要内容

《GB/T 30976.1–2014 工业控制系统信息安全 第 1 部分：评估规范》规定了工业控制系统（包括 SCADA、DCS、PLC、PCS 等）信息安全评估的目标、评估的内容、实施过程等;适用于系统设计方、设备生产商、系统集成商、工程公司、用户、资产所有人以及评估认证机构等对工业控制系统的信息安全进行评估时使用。

首先，该标准介绍了工业控制系统危险引入点、传播途径、危险后果的受体及其影响、评估结果等内容。其次，重点介绍了组织机构管理评估的相关要求，具体包括安全方针、信息安全组织机构、资产管理、人力资源安全、物理和环境安全、通信和操作管理、访问控制、信息系统获取、开发和维护、信息安全事件管理、业务连续性管理以及符合性等内容。再次，介绍了系统能力（技术）评估的相关要求，具体包括标识和认证控制、使用控制、系统完整性、数据保密性、限制的数据流、对事件的及时响应、资源可用性等内容。然后，介绍了评估程序，包括评估工作过程和评估方法的确定。最后，介绍了工业控制系统生命周期各阶段的风险评估，包括规划阶段的风险评估、设计阶段的风险评估、实施阶段的风险评估、运行维护阶段的风险评估、废弃阶段的风险评估。此外，该标准还对评估报告的格式提出了具体要求。

《GB/T 30976.2–2014 工业控制系统信息安全 第 2 部分：验收规范》规定了

对工业控制系统信息安全解决方案的安全性进行验收的流程、测试内容、方法以及应达到的要求等，可作为实际工作中的指导；适用于石油、化工、电力、核设施、交通、冶金、水处理、生产制造等行业使用的控制系统和设备。

该标准首先对工业控制系统信息安全解决方案的安全性验收给出了基本原则、验收流程、验收测试进度表以及验收的工作形式等。随后，对验收准备阶段提出了确定验收目标和范围、文档准备等相关要求，对风险分析与处置阶段提出了系统风险分析和风险处置方案等相关要求，对能力确认阶段提出了设备要求、系统测试和验收结论等方面要求。

三、简要评析

这是我国工业控制系统网络安全领域首次发布国家标准，填补了该领域系统和产品评估及验收时无标可依的空白，对今后建立国际领先的工业控制系统网络安全评估认证机制，形成我国自主的工业控制系统网络安全产业和标准体系，保障国家经济的稳定增长和国家利益的安全，具有十分现实的意义。

但工业控制信息化、三网融合、物联网、云计算在内的多种新型信息技术的发展与应用，对工业控制系统网络安全保障工作提出了新任务、新挑战。可以说保障工业控制系统网络安全是一项长期艰巨的任务，需要建立起政策、管理、技术、标准并重发展的模式，重点领域工业控制系统及其关键设施的网络安全标准还需继续制定，逐步完善我国工业控制领域的网络安全标准体系。

第二节　云计算服务安全国家标准

一、出台背景

近年来，国内外云计算发展迅猛，产业环境日益完善，产业规模保持高速增长，但是在云计算产业“火热”的背后，也存在着诸如网络安全、服务质量、权益保障等多种问题。在云计算这个关键领域，需要一个自主可控的云计算环境，为云计算技术的发展提供坚强的后盾。云计算标准化工作作为推动云计算技术产业及应用发展，以及行业信息化建设的重要基础性工作之一，受到各国政府以及国内外标准化组织和协会的高度重视。可以说，对于云计算领域每一个参与者而言，加强云计算服务的安全管理势在必行。作为云计算服务安全管理基础标准的

《GB/T 31167–2014 信息安全技术 云计算服务安全指南》和《GB/T 31168–2014 信息安全技术 云计算服务安全能力要求》两项国家标准于 2014 年 9 月 3 日正式发布。这两项标准适用于政府部门采购和使用云计算服务以及对政府部门使用的云计算服务进行安全管理，也可供重点行业和其他企事业单位使用云计算服务时参考，标志着云计算国家标准化工作进入了一个新阶段。

二、主要内容

《GB/T 31167–2014 信息安全技术 云计算服务安全指南》描述了云计算可能面临的主要安全风险，提出了政府部门采用云计算服务的安全管理基本要求，以及云计算服务的生命周期各阶段的安全管理和技术要求。

该标准首先给出了云计算概述，包括云计算的主要特征、服务模式、部署模式、云计算的优势等内容。其次，介绍了云计算风险管理方面的相关内容，具体包括云计算安全风险、云计算服务安全管理的主要角色及责任、云计算服务安全管理基本要求、云计算服务生命周期等。再次，对规划准备阶段提出了相关指导，涉及效益评估、政府信息分类、政府业务分类、优先级确定、安全保护要求、需求分析、决策报告等方面。然后，对选择服务商与部署方面提出了要求，包括云服务商安全能力要求、确定云服务商、合同中的安全考虑、部署等内容。另外，还对运行监管方面提出了要求，具体包括运行监管的角色与责任、客户自身的运行监管、对云服务商的运行监管等相关内容。最后，对退出服务提出了要求，涉及退出要求、确定数据移交范围、验证数据的完整性、安全删除数据等内容。

《GB/T 31168–2014 信息安全技术 云计算服务安全能力要求》描述了为政府部门和重要行业提供云计算服务的云服务商应具备的基本安全技术能力，提出了一般要求和增强要求。

该标准主要内容包括 10 个方面的要求，几乎涵盖了云服务商供应链管理全部方面。一是系统开发与供应链安全，具体涉及资源分配、系统生命周期、采购过程、外部信息系统服务及相关服务、开发商安全体系架构、开发过程、开发商配置管理、开发商安全测试和评估等方面内容；二是系统与通信保护，具体涉及边界保护、传输保密性和完整性、网络中断、可信路径、密码使用和管理、会话认证、移动设备的物理连接、系统虚拟化安全性等方面内容；三是访问控制，具体涉及用户标识与鉴别、设备标识与鉴别、鉴别凭证管理、密码模块鉴别、账号管理、远程访问、无线访问、可供公众访问的内容、数据挖掘保护等方面内容；四是配置管理，涉及配置管理计划、基线配置、变更控制、设置配置项的参数、信息系统组件清单等内容；五是维护，涉及受控维护、远程维护、维护人员、及时维护、缺陷修复、安全功能验证等内容；六是应急响应和灾备，涉及事件处理计划、事件处理、安全事件报告、事件响应支持等内容；七是审计，涉及可审计事件、审计记录内容、审计记录存储容量、时间戳、审计信息保护等内容；八是风险评估与持续监控，涉及风险评估、脆弱性扫描、持续监控、信息系统监测、垃圾信息监测等内容；九是安全组织与人员，涉及安全资源、安全规章制度、岗位风险与职责、第三方人员安全、人员处罚等内容；十是物理和环境保护，涉及物理设施与设备选址、物理和环境规划、物理环境访问授权、电力设备和电缆安全保障设备运送和移除等内容。

三、简要评析

这两项标准是我国云计算服务安全管理制度的基础，可为政府部门采购云计算服务提供参考依据，还可指导云服务商提供安全的云计算服务和建设安全的云计算平台，为政府监管、行业管理和产业发展提供助力，为我国的云计算营造公平、规范、有序的市场环境发挥更积极的作用。

为促进标准应用与实施，在中央网络安全和信息化领导小组办公室网络安全协调局的指导下，全国信息安全标准化技术委员会于2014年5月9日启动了云计算服务安全审查国家标准应用试点工作。杭州、襄阳、无锡、济南、成都等市的网络安全和信息化主管部门，以及曙光、华为、浪潮、阿里巴巴等企业和相关测评机构、科研机构等多家单位参与了试点。同时，以方滨兴院士为组长的试点专家组负责对试点参与单位的试点工作进行指导和评估。标准验证和应用试点工作对完善标准、增强标准可操作性和准确性具有重要意义，并可为中央网络安全和信息化领导小组办公室开展网络安全审查工作摸索经验。

第三节　密码行业标准

一、出台背景

密码技术是网络安全技术的基石。众所周知，长期以来国内外主流的、通用的密码算法大都是由美国研发的，其中的安全隐患毋庸置疑。早在2007年就有密码学家公开发表文章《美国国家安全局（NSA）是不是在新加密算法中故意设计了后门？》，指出2006年由美国国家标准与技术局（NIST）发布的、由NSA编制的一份双椭圆曲线随机数生成算法（Dual_EC_DRBG）存在致命的漏洞，可以被NSA利用从而轻易破解使用该算法生成的加密密钥。尽管遭到质疑，该算法仍然被NIST推荐。美国NIST在标准领域具有举足轻重的地位，全球厂商大都遵循美国NIST的标准。这一算法被微软、IBM等众多厂商广泛使用。直至2013年“斯诺登事件”东窗事发，被曝光的NSA“奔牛”项目印证了这一质疑，NIST才终于对这一算法发出了禁令。这一事件值得我们深思，如果密码算法不可控，那么基于密码算法的网络安全技术和产品的安全可控又从何谈起呢？

我国早已对国产密码算法标准的研发给予了高度重视。2011年10月19日，密码行业标准化技术委员会（以下简称密标委）正式成立，标志着密码标准化工作正式纳入到国家标准管理体系，有利于实现我国密码技术的自主创新和安全可控。随后，密标委于2012年陆续发布了20余项国产密码行业标准，包括《GM/T 0001-2012 祖冲之序列密码算法》、《GM/T 0002-2012 SM4分组密码算法》、《GM/T 0003-2012 SM2椭圆曲线公钥密码算法》、《GM/T 0004-2012 SM3密码杂凑算法》、《GM/T 0014-2012 数字证书认证系统密码协议规范》、《GM/T 0015-2012 基于SM2密码算法的数字证书格式规范》、《GM/T 0020-2012 证书应用综合服务接口规范》等。

2014年国家密码管理局又公开发布了17项密码行业标准，包括：《GM/T 0022-2014 IPSec VPN技术规范》、《GM/T 0023-2014 IPSec VPN网关产品规范》、《GM/T 0024-2014 SSL VPN技术规范》、《GM/T 0025-2014 SSL VPN网关产品规范》、《GM/T 0026-2014 安全认证网关产品规范》、《GM/T 0027-2014 智能密码钥匙技术规范》、《GM/T 0028-2014 密码模块安全技术要求》、《GM/T 0029-2014 签名验签服务器技术规范》、《GM/T 0030-2014 服务器密码机技术规范》、《GM/T 0031-2014 安全电子签章密码技术规范》等。

二、主要内容

《GM/T 0022-2014 IPSec VPN技术规范》对IPSec VPN的技术协议、产品管理和检测进行了规定，可用于指导IPSec VPN产品的研制、检测、使用和管理。

《GM/T 0023-2014 IPSec VPN 网关产品规范》规定了 IPSec VPN 网关产品的功能要求、硬件要求、软件要求、密码算法和密钥要求、安全性要求和检测要求等有关内容，适用于 IPSec VPN 网关产品的研制、检测、使用和管理。《GM/T 0024-2014 SSL VPN 技术规范》对 SSL VPN 的技术协议、产品的功能、性能和管理以及检测进行了规定。本标准适用于 SSL VPN 产品的研制，也可用于指导 SSL VPN 产品的检测、管理和使用。《GM/T 0025-2014 SSL VPN 网关产品规范》规定了安全认证网关产品的密码算法和密钥种类、功能要求、硬件要求、软件要求、安全性要求和检测要求等有关内容，适用于指导安全认证网关产品的研制、检测、使用和管理。《GM/T 0026-2014 安全认证网关产品规范》规定了安全认证网关产品的密码算法和密钥种类、功能要求、硬件要求、软件要求、安全性要求和检测要求等有关内容，适用于指导安全认证网关产品的研制、检测、使用和管理。《GM/T 0027-2014 智能密码钥匙技术规范》规定了智能密码钥匙的功能要求、硬件要求、软件要求、性能要求、安全要求、环境适应性要求和可靠性要求等有关内容，适用于智能密码钥匙的研制、开发、测试和使用，也可用于指导智能密码钥匙的检测。《GM/T 0028-2014 密码模块安全技术要求》对用于保护计算机与电信系统内敏感信息的安全系统所使用的密码模块规定了安全要求，并为密码模块定义了 4 个安全等级，以满足敏感数据以及众多应用领域的、不同程度的安全需求，同时，针对密码模块的 11 个安全域，分别给出了四个安全等级的对应要求，高安全等级在低安全等级的基础上进一步提高了安全性。《GM/T 0029-2014 签名验签服务器技术规范》规定了签名验签服务器的功能要求、安全要求、接口要求、检测要求和消息协议语法规范等有关内容，适用于签名验签服务器的研制设计、应用开发、管理和使用，也可用于指导签名验签服务器的检测。《GM/T 0030-2014 服务器密码机技术规范》定义了服务器密码机的相关术语，规定了服务器密码机功能要求、硬件要求、软件要求、安全性要求和检测要求等有关内容，适用于服务器密码机的研制、使用，也可用于指导服务器密码机的检测。《GM/T 0031-2014 安全电子签章密码技术规范》规定了电子签章的数据结构、密码处理流程，适用于电子印章系统的开发和使用。《GM/T 0032-2014 基于角色的授权管理与访问控制技术规范》规定了基于角色的授权与访问控制框架结构及框架内各组成部分的逻辑关系，定义了各组成部分的功能、操作流程及操作协议，定义了访问控制策略描述语言、授权策略描述语言的统一格式和访问控制协议的标准接口，适用于公钥密码技术体系下基于角色的授权与访问控制系统的研制，并可指导对该类系统的检测及相关应用的开发。《GM/T 0033–2014 时间戳接口规范》规定了面向应用系统和时间戳系统的时间戳服务接口，包括时间戳请求和响应消息的格式、传输方式和时间戳服务接口函数，适用于规范基于公钥密码基础设施应用技术体系框架内的时间戳服务相关产品，以及时间戳服务的集成和应用。《GM/T 0034–2014 基于 SM2 密码算法的证书认证系统密码及其相关安全技术规范》规定了基于 SM2 密码算法的数字证书认证系统的密码及相关安全的技术要求，包括证书认证中心，密钥管理中心，密码算法、密码设备及接口等，适用于指导第三方认证机构的数字证书认证系统的建设和检测评估，规范数字证书认证系统中密码及相关安全技术的应用，非第三方认证机构的数字证书认证系统的建设、运行及管理，可参照本标准。《GM/T 0035–2014 射频识别系统密码应用技术要求》规定了密码安全保护框架及安全级别、电子标签芯片密码应用技术要求、读写器密码应用技术要求、电子标签与读写器通信密码应用技术要求以及密钥管理技术要求等。《GM/T 0036–2014 采用非接触卡的门禁系统密码应用技术指南》规定了针对采用非接触式卡的门禁系统，采用密码安全技术时，系统中使用的密码设备、密码算法、密码协议和密钥管理的相关要求，适用于指导采用非接触卡的门禁系统相关产品的研制、使用和管理。《GM/T 0037–2014 证书认证系统检测规范》规定了证书认证系统的检测内容与检测方法，适用于为电子签名提供电子认证服务，按照 GM/T 0034–2014 研制或建设的证书认证服务运营系统的检测，也可为其他证书认证系统的检测提供参考。《GM/T 0038–2014 证书认证密钥管理系统检测规范》规定了证书认证密钥管理系统的检测内容与检测方法，适用于为电子签名提供电子认证服务，按照 GM/T 0034–2014 研制或建设的证书认证密钥管理系统的检测，也可为其他证书认证密钥管理系统的检测提供参考。

三、简要评析

“棱镜门”曝光的仅是美国监听、监视计划的冰山一角，却也重重敲响了全球网络安全警钟，世界各国对国外技术和产品的使用都持更加谨慎的态度，也让我们认识到必须重视底层密码技术和标准的自主可控，通过国产密码技术将国外监听计划所希望获取的信息保护起来，从而降低敏感信息泄露的风险。密标委发布的一系列国产密码行业标准确保了密码算法的自主可控，有助于发挥国产密码标准在相关领域中的指导性、规范性作用，极大地推动了国产密码标准体系的建立，对于形成并完善国产密码技术体系、应用体系、管理体系都具有重要的推动作用，并将为我国整个网络安全产业持续健康快速发展提供重要支撑和保障。

产 业 篇

第七章　网络安全产业概述

第一节　基本概念

一、网络空间

网络空间即“Cyberspace”，这一概念由西方学者首先提出，逐步得到世界范围的广泛认同，目前已经成为由信息和网络科技及产品构成的数字社会的代名词，是所有可利用的电子信息、信息交换以及信息用户的统称。世界各国给出了不同的定义，美国在其一系列网络空间战略文件中，将网络空间描述为“由信息技术基础设施构成的相互信赖的网络，包括互联网、电信网、计算机系统等以及信息与人交互的虚拟环境”；英国则定义为“由数字网络构成并用于储存、修改和传递信息的人机交互领域，包含互联网和其他用于支持商业、基础设施与服务的信息系统”；德国则明确为“包括所有可以跨越领土边界通过互联网访问的信息基础设施”。

二、网络安全

自从信息技术出现以来，对应的安全问题就受到广泛关注，而在不同的发展阶段，安全的概念和范畴也不断发生变化，出现了计算机安全、信息安全、网络安全、信息保障等一系列含义和范畴各不相同的词语，相关概念之间的关系也很难厘清。随着信息技术的快速发展，以及国际上一系列网络安全重大事件的发生，网络安全问题的重要性日益凸显，而其概念和范畴也需要进一步明确。当前，网络空间已经成为继陆、海、空、天之后的第五大战略空间，也成为各国角逐的新焦点，有必要以网络空间的视角对网络安全这一概念进行重新界定。从狭义角度讲，网络安全是指网络系统的硬件、软件及其系统中的数据受到保护，不因偶然的或者恶意的原因而遭受到破坏、更改、泄露，系统连续可靠正常地运行，网络服务不中断。从广义角度讲，网络安全是指网络空间的安全，涵盖了网络系统的运行安全性、网络信息的内容安全性、网络数据的传输安全性、网络主体的资产安全性等。从国家角度讲，网络安全是国家主权和社会管理的重要范畴，每个国家都有权利并有责任捍卫其网络主权，同时有义务保障其管辖范围内网络空间基础设施及其中数字化活动的安全。

三、网络安全产业

网络安全产业指为保障网络安全提供技术、产品和服务的相关行业总称。当前社会普遍将 IT 安全产业看作网络安全产业，而实际上 IT 安全只是网络安全的一部分。IT 安全产业主要包括安全硬件、安全软件及安全服务等方面内容，而网络安全产业还包括安全基础电子产品、安全基础软件、安全终端等。

第二节　产业构成

网络安全产业主要分为五部分：一是基础安全产业，主要包括安全操作系统、安全数据库、安全芯片等基础网络安全产品；二是 IT 安全产业，主要涵盖防火墙、

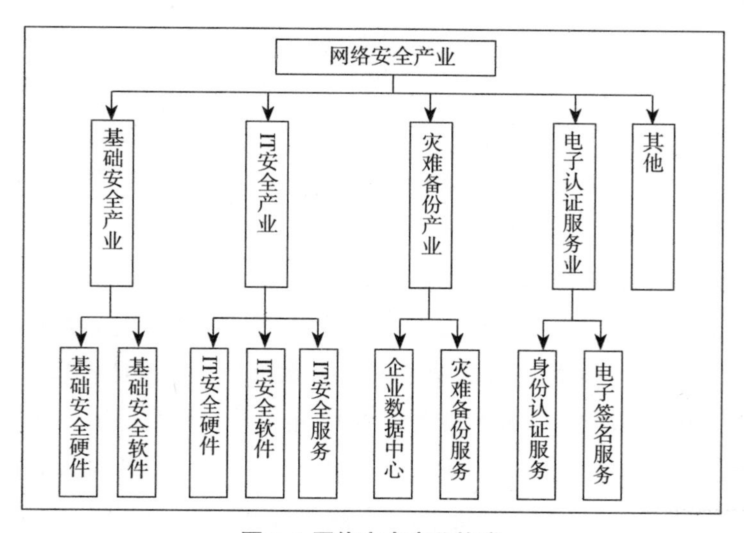

图7-1 网络安全产业构成

数据来源：赛迪智库整理，2015 年 4 月。

IPS/IDS、VPN、UTM 等 IT 安全硬件产品，安全威胁管理软件、防火墙软件等网络安全软件产品，以及培训、咨询等网络安全服务；三是业务连续性和灾难备份行业，主要包括数据中心服务和灾难备份服务等；四是电子认证服务业，主要涵盖身份认证服务和电子签名服务等；五是其他网络安全内容。

第三节　产业特点

一、面向云计算的应用安全成为各方热点

2014 年是云计算在中国发展重要的一年。国家对云计算发展的支持力度不减，11 月 15 日，国务院总理李克强主持召开国务院常务会议，确定促进云计算创新发展措施，培育壮大新业态新产业。国内外企业角力云计算市场，除微软 Azure 云、亚马逊 AWS 云等国外企业，国内的各大厂商也逐步发力，阿里云于 8 月 19 日启动“云合计划”，拟招募 1 万家云服务商为企业、政府等用户提供一站式云服务，腾讯公司于 10 月 31 日对外公布腾讯云的连接计划，宣称未来 2 年内连接 100 万家传统企业，打造大的腾讯云生态环境，雷军于 12 月 3 日宣布金山软件未来 3—5 年内将会向云业务进行规模超过 10 亿美元的投资，执行“all in cloud”战略。与此同时，云服务宕机等安全性问题也不断出现，腾讯云和阿里云在 11 月先后出现宕机现象，根据 CloudHarmony 的统计报告，亚马逊的弹性计算云（EC2）在 2014 年共发生了 20 次宕机故障，累计宕机时长为 2.41 小时，微软 Azure 在计算方面一共出现 92 次宕机故障，总计宕机时长 39.77 小时，其存储平台一共出现 141 次宕机故障，总计宕机时长 10.97 小时，而谷歌的云平台累计宕机时长仅 14 分钟。除稳定性外，云计算应用安全还涉数据机密性和完整性、隐私权的保护等诸多方面，云计算应用安全是云计算各类应用健康和可持续发展的基础和催化剂，尚待解决的云计算安全问题已经成为影响云计算普及应用的关键障碍。为促进《GB/T 31167-2014 信息安全技术 云计算服务安全指南》和《GB/T 31168-2014 信息安全技术 云计算服务安全能力要求》两项国家标准的应用与实施，全国信息安全标准化技术委员会于 2014 年 5 月 9 日启动了云计算服务安全审查国家标准应用试点工作。在 7 月召开的 2014 可信云服务大会上，主办方公布了第一批通过“可信云服务认证”的名单，中国电信、中国移动、BAT、华为、京东、世纪互联等 19 家云服务商的 35 项云服务通过了“可信云服务认证”。

二、工业控制系统网络安全引起广泛关注

随着工业信息化进程的快速推进，信息、网络以及物联网技术在智能电网、智能交通、工业生产系统等工业控制领域得到了广泛的应用，极大地提高了企业的综合效益。为实现系统间的协同和信息分享，工业控制系统也逐渐打破了以往的封闭性：采用标准、通用的通信协议及硬软件系统，甚至有些工业控制系统也能以某些方式连接到互联网等公共网络中。这使得工业控制系统也必将面临病毒、木马、黑客入侵、拒绝服务等传统的网络安全威胁，而且由于工业控制系统多被应用在电力、交通、石油化工、核工业等国家重要的行业中，其安全事故造成的社会影响和经济损失会更为严重。出于政治、军事、经济、信仰等诸多目的，敌对的国家、势力以及恐怖犯罪分子都可能把工业控制系统作为其达成目的的攻击目标。工业控制系统脆弱的安全状况以及日益严重的攻击威胁，已经引起了国家的高度重视，并在政策、标准、技术、方案等方面展开了积极应对。在明确重点领域工业控制系统网络安全管理要求的同时，国家主管部门在政策和科研层面上也在积极部署工业控制系统的安全保障工作，为应对日趋复杂的工业控制系统安全问题，我国加快了工业控制系统网络安全标准化建设工作的步伐，推荐性国家标准《GB/T 30976.1–2014 工业控制系统信息安全 第 1 部分：评估规范》和《GB/T 30976.2–2014 工业控制系统信息安全 第 2 部分：验收规范》于 12 月 2 日公开发布。

三、技术融合成为产业发展的重要方向

基于大数据的安全分析技术，通过搜集来自多种数据源的网络安全数据，深入分析挖掘有价值的信息，对未知安全威胁做到提前响应，降低风险，实现最佳的安全防护。基于大数据的智能安全分析必然将是安全领域的发展趋势。大数据将会是整个安全行业发生重大转变的驱动因素，并将推动形成智能的网络安全模型。其领域将会包括安全信息和事件管理（SIEM）、网络行为管理、用户身份认证及管理、欺诈检测、风险及合规等。针对防御 APT 攻击这个炙热的话题，越来越多的安全厂商着手在技术手段上更加注重检测技术，以数据为中心进行智能分析来检测威胁、分析威胁。

第八章　基础安全产业

第一节　概述

一、概念与范畴

（一）安全芯片

安全芯片是芯片的一种，主要是指可信任平台模块（Trusted Platform Module，简称 TPM），是一个可独立进行密钥生成、加解密的装置，内部拥有独立的处理器和存储单元，可存储密钥和特征数据，为电脑提供加密和安全认证服务。用安全芯片进行加密，密钥被存储在硬件中，被窃的数据无法解密，从而保护商业隐私和数据安全。

（二）安全操作系统

安全操作系统（也称可信操作系统，Trusted Operating System），是指计算机信息系统在自主访问控制、强制访问控制、标记、身份鉴别、客体重用、审计、数据完整性、隐蔽信道分析、可信路径、可信恢复等十个方面满足相应的安全技术要求。

安全操作系统一般具有以下关键特征：

1. 用户识别和鉴别（User Identification and Authentication），安全操作系统需要安全的个体识别机制，并且所有个体都必须是独一无二的。

2. 强制访问控制（MAC，Mandatoy Access Control），中央授权系统决定哪些信息可被哪些用户访问，而用户自己不能够改变访问权限。

3. 自主访问控制（DAC，Discretionary Access Control），留下一些访问控制让

对象的拥有者自己决定，或者给那些已被授权控制对象访问的人。

4. 对象重用保护（ORP，Object Reuse Protection），对象重用是计算机保持效率的一种方法。计算机系统控制着资源分配，当一个资源被释放后，操作系统将允许下一个用户或者程序访问这个资源。

5. 全面调节（CM，Complete Mediation），为了让强制或者自主访问控制有效，所有的访问必须受到控制，高安全操作系统执行全面调节，意味着所有的访问必须经过检查。

6. 可信路径（TP，Trusted Path），对于关键的操作，如设置口令或者更改访问许可，用户希望能进行无误的通信（称为可信路径），以确保他们只向合法的接收者提供这些主要的、受保护的信息。

7. 可确认性（Accountability），通常涉及到维护与安全相关的、已发生的事件日志，即列出每一个事件和所有执行过添加、删除或改变操作的用户。

8. 审计日志归并（ALR，Audit Log Reduction），理论上，审计日志允许对影响系统的保护元素的所有活动进行记录和评估。

9. 入侵检测（ID，Intrusion Detection），与审计精简紧密联系的是检测安全漏洞的能力，入侵检测系统构造了正常系统使用的模式，一旦使用出现异常就发出警告。

（三）安全数据库

安全数据库通常是指达到美国可信计算机系统评价标准（Trusted Computer System Evaluation Criteria，TCSEC）和可信数据库解释（Trusted Database Interpretation，TDI）的B1级标准，或中国国家标准《计算机信息系统安全保护等级划分准则》的第三级）以上安全标准的数据库管理系统。在安全数据库中，数据库管理系统必须允许系统管理员有效地管理数据库管理系统和它的安全，且只有被授权的管理员才可以使用这些安全功能和设备。数据库管理系统主要实现对数据库管理系统存储、处理或传送的信息等资源进行保护，以及阻止对信息的未授权访问等恶意行为，从而防止信息的泄漏、修改和破坏。安全数据库在通用数据库的基础上进行了诸多重要机制的安全增强，通常包括：安全标记及强制访问控制、数据存储加密、数据通讯加密、强化身份鉴别、安全审计、三权分立等安全机制。

（四）中间件

中间件是一种独立的系统软件或服务程序，分布式应用软件借助这种软件在不同的技术之间共享资源。中间件位于客户机/服务器的操作系统之上，管理计算机资源和网络通讯。是连接两个独立应用程序或独立系统的软件。相连接的系统，即使它们具有不同的接口，但通过中间件相互之间仍能交换信息。执行中间件的一个关键途径是信息传递。通过中间件，应用程序可以工作于多平台或OS环境。

（五）密码技术

密码技术主要由密码编码技术和密码分析技术两个分支组成。密码编码技术主要用来寻求产生安全性高的有效密码算法和协议；密码分析技术则主要用来破译密码或伪造认证信息。密码理论与技术主要分成两类：一是基于数学的密码理论与技术，主要包括公钥密码、分组密码、序列密码、认证码、数字签名、Hash函数、身份识别、密钥管理、PKI技术、VPN技术等；二是非数学的密码理论与技术，具体包括信息隐藏、量子密码、基于生物特征的识别理论与技术等。

二、发展历程

（一）我国安全操作系统发展历程

我国的安全操作系统发展历程主要可以划分为以下四个阶段：

1. 基于UNIX的安全操作系统研究。1993年，国防科技大学启动了对基于TCSEC标准和UNIX System V3.2版的安全操作系统SUNIX的研究。海军计算技术研究所在SUNIX研究工作的基础上，开展了Unix SVR4.2/SE的研究工作。中国计算机软件与技术服务总公司、海军计算技术研究所和中国科学院软件研究所等单位联合参与了国家“八五”科技攻关项目重要课题“COSA国产系统软件平台”，其中对COSIX V2.0安全子系统的设计工作推动了安全操作系统的研究。在“九五”期间，信息产业部电子第15研究所开展了Unix操作系统的安全性研究工作。

2. 基于Linux的安全操作系统研究。Linux在中国的广泛流行推动了中国安全操作系统的研究与开发，中国科学院软件研究所推出了红旗Linux中文操作系统发行版本，并基于Linux开展了安全操作系统的研究与开发工作；南京大学基于Linux开发了安全操作系统SoftOS，该系统具备强制访问控制、审计、入侵检测等功能模块；中国科学院信息安全技术工程研究中心基于Linux开发了安全操作系统 SecLinux，该系统具备身份标识与鉴别、自主访问控制、强制访问控制、最小特权管理、安全审计、可信通路、密码服务等功能；中国计算机软件与技术服务总公司开发了 COSIX Linux V2.0 的安全增强版本。

3. 自主安全操作系统技术研究与产业化。在基于 UNIX 和 Linux 的安全操作系统研究基础上，国防科技大学等逐步研究符合我国网络安全要求的自主安全操作系统。依托 2002 年的国家“863 计划”课题“服务器操作系统内核”项目，国防科技大学、中软公司、联想公司、浪潮集团和民族恒星公司等单位联合研制出安全操作系统——银河麒麟（Kylin）。该系统采用层次式的内核结构，由基本内核层、系统服务层和桌面环境三部分组成，在系统服务层实现了支持 POSIX 接口和 LSB 接口的 Linux 应用兼容层，从而实现对 Linux 应用程序的支持。2010 年 12 月 16 日，银河麒麟操作系统与中标 Linux 操作系统正式宣布合并，并将在“中标麒麟”的统一品牌下发布操作系统产品。

（二）我国安全数据库发展历程

我国从 20 世纪 80 年代开始进行数据库技术的研究和开发，从 90 年代初开始进行安全数据库理论的研究和实际系统的研制，如华中科技大学、中国人民大学、东北大学等高校研究机构在对数据库安全技术深入研究基础上，开发出达到 B1 级安全要求的 DM3 数据库、COBASE（KingBase）数据库 2.0 可信版本、OpenBase Secure 等安全数据库软件。2001 年，军方提出了我国最早的数据库安全标准——《军用数据库安全评估准则》。2002 年，公安部发布了行业标准《计算机信息系统安全等级保护 / 数据库管理系统技术要求》。2003 年，中科院信息安全国家重点实验室基于开放源代码的数据库管理系统 Postgre SQL，开发出安全数据库系统 LOIS。总体来说，与国外主流数据库产品相比，这些研究成果在安全性和可用性上还有一定的差距。

经过多年的发展，我国国产数据库取得了较大发展，逐步占据一定的市场份额。根据 2004 年底的统计，几大国外数据库管理系统在国内的市场占有率达到 95%，国产数据库的总市场容量大约为 3.5%，其他开源的产品大约占 1.5%。2011 年以来，国产数据库厂商通过市场化运作，与中间件、操作系统、ISV 等多个层面的友商携手并进，逐渐形成了以国产数据库为核心的基础软件产业链，国产数据库所占据的市场份额从当初不到 2% 的水平迅速提升到 15% 左右。国产数据库在产品技术研发方面更加深化，并开始有了一些大规模的产品应用推广，如人大金仓、达梦、南大通用、神舟通用等企业的产品。

三、产业链分析

基础安全产业主要包括基础软件提供商、基础硬件提供商和基础技术服务提供商，这些提供商连同上下游的研究机构及企业，以及最终用户，构成了基础安全产业链。基础安全产业基本处于产业链的最前端，其上游主要是一些高校、研究所等社会研究机构，以及一些配套工具厂商等。下游主要是依托基础安全技术产品的信息技术企业，以及最终用户。

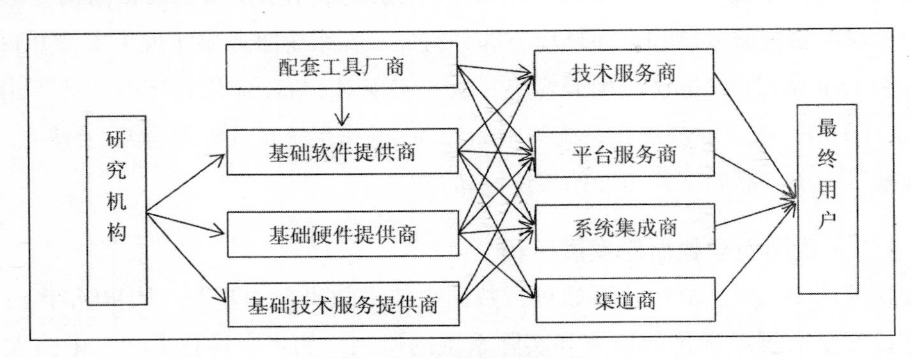

图8-1 基础安全产业链

数据来源：赛迪智库，2015年4月。

基础技术和基础软硬件产品的主要服务对象是信息技术平台服务商、系统集成商、技术服务商以及企业用户等，如各类云计算服务平台需要大量的基础软硬件支持，电子认证服务等需要密码算法等基础技术支持。基础软硬件也面向广大普通用户，但一般要通过系统集成商融合，并通过渠道商最终到达各用户手中。

第二节 发展现状

一、自主基础硬件产业取得一定进展

2014年以来，我国对集成电路产业的支持可谓不遗余力，发布了《国家集成电路产业发展推进纲要》，设立涉及1200亿元资金的国家集成电路产业投资基金，北京、天津、安徽等各地政府也积极响应，对集成电路产业发展起到巨大的推动作用。一方面，集成电路产业规模保持快速增长。根据中国半导体行业协会统计，2014年中国集成电路产业销售额为3015.4亿元，同比增长20.2%。其中，

设计业增速最快，销售额为1047.4亿元，同比增长29.5%；制造业受到西安三星投产影响，2014年增长率达到了18.5%，销售额达712.1亿元；封装测试业销售额1255.9亿元，同比增长14.3%。另一方面，我国企业的技术能力和生产水平持续提升。在芯片制造环节，中芯国际90纳米制程工艺已实现大规模量产，65纳米工艺也成功投产，40/45纳米12英寸生产线具备量产条件。在芯片设计领域，TD-SCDMA移动通信芯片、数字音视频和多媒体处理芯片、北斗导航等中高端产品已经实现量产，设计能力达到90纳米的企业已经达41家。在封装测试方面，高端工艺BGA、倒装焊等技术已大规模量产，三维封装技术、芯片级封装技术也已有开发和生产应用。产业链各环节的技术创新为我国集成电路产业的持续发展打下坚实的基础，形成我国自主基础硬件产业发展的根基。

二、自主基础软件产业稳步推进

基础软件是软件产业的基石，也是软件产业的主要核心竞争力所在，我国在自主基础软件方面已经取得一定的成绩。一方面，我国基础软件市场增长明显。2014年国产操作系统市场规模达到32600万元，比2013年增长46.5%，国产Linux操作系统在Linux操作系统整体市场所占份额已达78.7%。预计2017年国产操作系统市场将达到43500万元，占中国Linux操作系统市场的83.0%，国产Linux操作系统已经进入高速发展时期。[1]另一方面，我国自主基础软件技术产品快速发展。在操作系统方面，除中标麒麟、凝思磐石、中科方德等之外，又涌现出一铭、思普等桌面操作系统，以及COS、同洲960等移动终端操作系统产品，其中广西一铭软件股份有限公司于11月在新三板成功挂牌上市，成为国产操作系统软件厂商中第一家在“新三板”挂牌上市的软件企业，给国产操作系统注入了新的血液。在中间件领域，北京东方通科技股份有限公司（简称东方通科技）率先推出了云平台Tong Applaud和云应用服务器Tong Applaud App Server，为企业在云计算环境下实现应用开发、数据与应用集成提供完整的解决方案。

三、基础安全产业仍被国际厂商压制

虽然国内厂商取得较大进步，但总体上仍被大型跨国公司压制。从市场份额上看，西方企业仍占据基础安全产品的大部分份额：Net Applications统计数据显

[1] 《中国国产操作系统市场研究报告(2014)》，赛迪顾问，2015年2月。

示，微软 2015 年 1 月在桌面操作系统方面的市场份额仍超过 90%，据 IDC 统计数据显示，2014 年移动操作系统中安卓占据 81.5% 的份额，iOS 以 14.8% 的份额紧随其后；Oracle、IBM 和微软三家企业的产品占据着 85% 左右的数据库市场份额；在集成电路方面，Gartner 报告显示，2014 年全球半导体销售额为 3398 亿美元，Intel 和三星以 15% 和 10.4% 的份额居前两位，前 10 名中没有中国企业，根据海关统计，2014 年我国进口集成电路 2856.6 亿块，同比增长 7.3%。

四、国外企业逐步加强与国内企业合作

近年来，在自身业务发展和进入中国市场等因素影响下，IBM、Intel 等跨国企业不断加强与国内企业的深层次合作，国内企业有望获得核心技术。IBM 于 2004 年 12 月和 2014 年 10 月先后将其 PC 和 X86 服务器业务出售给联想，并于 2014 年 9 月将 Informix 数据库授权给南大通用。在集成电路业务方面，随着设计和制造的技术难度和资金投入规模不断加大，IBM 难以维持从设计到制造这一完整体系，逐步向授权模式转型。2013 年 8 月，IBM 联合谷歌、NVIDIA 等成立 OpenPower 联盟，并在 2014 年 4 月吸纳苏州中晟宏芯、浪潮、中兴等 6 家中国企业加入联盟。Intel 于 2014 年 5 月宣布和瑞芯达成战略合作，研发基于英特尔技术的移动芯片平台，并于 2014 年 9 月宣布入股清华紫光，与其旗下的展讯和锐迪科合作开发和销售基于 Intel 技术的移动芯片。ARM 公司已经通过技术授权形式融入中国芯片产业，如展讯、瑞芯等均采用 ARM 架构；华为等企业获得 ARM 的架构授权，具备对 ARM 架构进行大幅度改造、进而发展自主芯片的能力。其他一些企业也逐步开始通过加强合作来突破政策限制，如高通公司执行总裁 Paul Jacobs 于 2014 年 11 月 19 日在世界互联网大会上表示，高通将与中国公司合作共同研制低耗能芯片。

第三节　面临的主要问题

一、核心技术仍落后于国际水平

当前，我国操作系统、芯片等基础安全核心技术仍远远落后于国际水平，核心技术仍掌握在国外企业手中。在操作系统方面，国内的各操作系统厂商主要基于开源 Linux 系统，对内核等核心技术掌握程度仍不高，大部分集中在图形界面

及周边应用的开发，在底层硬件支持和上层应用支持方面存在较大差距；在数据库方面，国内厂商仍未掌握 Oracle RAC 等核心技术，在高实时性应用中存在差距；在集成电路领域，龙芯等国内设计厂商在功耗设计、高性能物理设计等技术方面仍存在一定差距，中芯国际等国内制造厂商已经具备 45 纳米的生产能力，与国外发达国家差 1—2 代，但在光刻机、刻蚀机等关键设备方面仍基本依赖进口，长电科技等封装测试厂商整体水平与国外厂商仍有较大差距。

二、产业发展缺乏足够支持

我国在核心技术能力上与西方国家存在巨大差距，亟须国家层面大力支持，然而国家在产业生态、市场环境等方面仍缺乏有效的引导。一是国家资金投入有限，虽然我国通过“核高基”、“863”等重大课题形式投入大量资金，但投入较为分散，资金到企业手中的很少，而且缺乏对长期性、基础性研究的稳定投入，导致资金投入相对不足；二是缺乏有效协同的产业生态，我国长期以来缺乏类似 Intel、微软、谷歌、IBM 等能够高效整合产业链各环节的龙头企业，芯片、操作系统等基础技术厂商间缺乏有效合作，产品无法实现有效适配，如龙芯缺少周边工具支持，国产操作系统缺少大量周边设备驱动，对上层应用也缺乏有效支撑；三是应用市场引导不足，由于我国在基础软硬件技术设备方面起步晚、底子薄，产业能力与国外有较大差距，难以在市场上与国外企业抗衡，需要国家层面对其进行一定的扶持。只有不断应用才能促进产业的快速进步，国内基础软硬件产品的水平已经可以在部分专用领域使用，特别是电力、工业控制等，需要国家在政策层面予以支持。

三、知识产权壁垒难以打破

当前，微软、Intel、IBM 等传统跨国 IT 企业已经在基础软硬件领域形成强大的专利积累，短期内是我国自主企业难以逾越的鸿沟。在基础软件方面，作为软件领域里核心技术最多的领域，基础软件的技术门槛也最高，数据显示，IBM 公司、微软公司在美国申请的专利和基础软件专利分别是 6000 多项和 2000 多项，而我国从事基础软件的企业申请中国专利仅 87 项，可见我国基础软件领域在核心知识产权上的差距。事实上，包括微软操作系统的菜单、窗口等申请了专利，对于我国自主企业这些后来者而言，处处都是专利陷阱。在基础硬件方面，我国差距更大，当前所有的自主芯片厂商均是以各种形式获得国外指令集授权，虽然

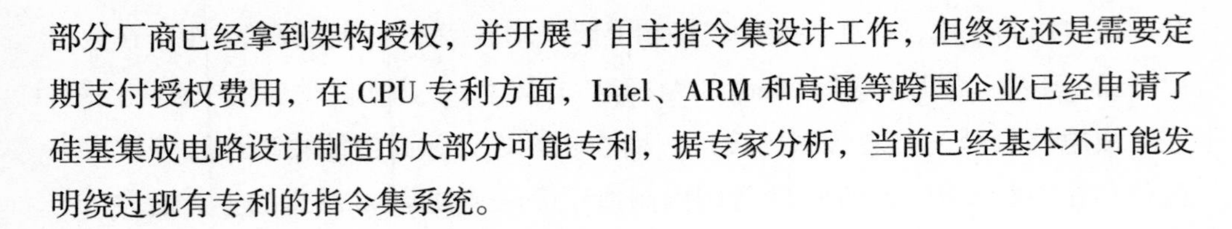

部分厂商已经拿到架构授权，并开展了自主指令集设计工作，但终究还是需要定期支付授权费用，在 CPU 专利方面，Intel、ARM 和高通等跨国企业已经申请了硅基集成电路设计制造的大部分可能专利，据专家分析，当前已经基本不可能发明绕过现有专利的指令集系统。

四、引进吸收再创新之路尚不明朗

由于自身基础较差，当前我国发展基础软硬件技术产品主要走引进吸收再创新的道路，但从目前发展形势看，这条路尚不明朗。一是引进技术大都是落后技术或市场上处于弱势的技术，如 IBM 向我国开放的 Power 芯片架构和 Informix 数据库均在市场上处于下风，Intel 与紫光合作的重点集中在其扶不起来的移动芯片；二是合作对象各怀鬼胎，如 IBM 芯片业务大幅下滑，已经难以维持，开放 Power 芯片完全是为了甩掉包袱，Intel 与紫光合作则是为借助中国大力发展集成电路产业之机，实现对 ARM 的绝地反击；三是再创新之路亦不平坦，引进吸收的目的是借用国外成熟的产业生态，但以自主厂商当前的实力，能否真正消化吸收都无法保证，是否具备再创新能力则更是未知数，再创新后的生存能力更不得而知，而且量子计算机、生物计算机等前沿技术也在研究过程中，新一轮技术革命的出现也是不确定因素。

第九章　IT安全产业

第一节　概述

一、概念与范畴

（一）IT 安全软件

安全软件主要用于保护计算机、信息系统、网络通讯、网络传输的网络安全，使其保密性、完整性、不可伪造性、不可抵赖性得到保障，为用户提供安全管理、访问控制、身份认证、病毒防御、加解密、入侵检测与防护、漏洞评估和边界保护等功能。

1. 威胁管理软件

威胁管理软件主要用来监视网络流量和行为，以发现和防御网络威胁行为，通常包括两类产品：防火墙软件、入侵检测与防御软件。

防火墙软件可以根据安全策略识别和阻止某些恶意行为，包括用户针对某些应用程序或者数据的访问等，这些产品通常可以包括 VPN 模块。

入侵检测与防御软件能够不断地监视计算机网络或系统的运行情况，对异常的、可能是入侵的数据和行为进行检测，并作出报警和防御等反应。该类软件通过比较已知的恶意行为和目前的网络行为，找到恶意的破坏行为。该类软件主要使用协议分析、异常发现或者启发式探测等类似方法来发现恶意行为。入侵检测产品采用被动监听模式，发现恶意行为将做出报警响应，而入侵防御产品一旦发现恶意的破坏行为就会马上阻止。

2. 内容管理软件

内容管理软件综合运用多种技术手段，对网络中流动的信息进行选择性阻断，保证信息流动的可控性，可用于防御病毒、木马、垃圾邮件等网络威胁。这类软件产品通常将上述的若干项功能结合起来，增加其统一性。内容与威胁管理软件可以划分为端点安全、内容安全和 Web 安全三类。

端点安全主要用来保护端点、伺服器和行动装置免受网路威胁及攻击所侵扰，具体包括服务器和客户端的反病毒产品、反间谍产品、防火墙产品文件/磁盘加密产品和端点信息保护与控制产品等。

内容安全主要用来过滤网络中的有害信息，具体包括反垃圾邮件产品、邮件服务器反病毒、内容过滤和消息保护与控制产品等。

Web 安全主要用来保护各类 Web 应用，具体包括 Web 流过滤产品、Web 入侵防御产品、Web 反病毒产品和 Web 反间谍产品。

3. 安全性和漏洞管理

安全性和漏洞管理主要用于发现、描述和管理用户面临的各类网络安全风险。涉及的产品包括：制定、管理和执行信息安全策略的工具；检测相关设备的系统配置、体系结构和属性的工具；进行安全评估和漏洞检测的服务；提供漏洞修补和补丁管理的服务；管理和分析系统安全日志的工具；统一管理各类 IT 安全技术的工具等。

4. 身份与访问控制管理

身份与访问控制管理主要用于识别一个系统的访问者身份，并且根据已经建立好的系统权限体系，来判断这些访问者是否属于具备系统资源的访问权限。涉及的功能组件包括：Web 单点登录、主机单点登录、身份认证、PKI 和目录服务等。

5. 其他类安全软件

其他类安全软件主要包含一些基础的安全软件功能，如加密、解密工具等。同时，这类软件也包括一些能够满足特定要求，但在市面上尚未标准化和规范化的安全软件。随着网络安全需求的不断变化，这些产品很可能会成长为单独的一类安全软件产品。

（二）IT 安全硬件

1. 防火墙 /VPN 安全硬件

防火墙 /VPN 安全硬件主要根据安全策略对网络之间的数据流进行限制和过滤，其中 VPN 是防火墙的一个可选模块，可以通过公用网络为企业内部专用网络的远程访问提供安全连接。

2. 入侵检测与防御硬件

入侵检测与防御（IDS/IPS）硬件能够不断地监视各个设备和网络的运行情况，并且对恶意行为作出反应。该类硬件产品主要通过比较已知的恶意行为和当前的网络行为，发现恶意的破坏行为，使用诸如协议分析、异常发现或者启发式探测等方法找到未授权的网络行为，并做出报警和阻止响应。入侵检测与入侵防御硬件产品，通常有着很强的抗分布式拒绝服务攻击（DDoS）和网络蠕虫的能力。

3. 统一威胁管理硬件

统一威胁管理（UTM）硬件产品的目标是全方位解决综合网络安全问题。该类产品融合了常用的网络安全功能，提供全面的防火墙、病毒防护、入侵检测、入侵防御等功能，将多种安全特性集成于一个硬件设备里，构成一个标准的统一管理平台。

4. 安全内容管理硬件

安全内容管理硬件产品主要提供 Web 流过滤、内容安全性检测以及病毒防御等功能，能够对信息流动进行全方位识别和保护，全面防范外部和内部安全威胁，如垃圾邮件、敏感信息传播、信息泄露等。

（三）IT 安全服务

IT 安全服务是指根据客户网络安全需求定制的网络安全解决方案，包含从高端的全面安全体系到细节的技术解决措施。安全服务主要涵盖计划、实施、运维、教育等四个方面，具体包括 IT 安全咨询、等级测评、风险评估、安全审计、运维管理、安全培训等几个重点方向。

二、发展历程

从整体看，我国 IT 安全产业的发展已经历四个阶段。

1. 萌芽阶段：1994 年之前

80 年代，我国网络安全工作刚刚起步，各项工作都没有形成规模。1986 年中国计算机学会计算机安全专业委员会正式开始工作，1987 年国家信息中心信息安全处成立，标志着中国计算机安全事业的起步。这一阶段，计算机安全的主要内容是实体安全，各应用部门大都没有意识到计算机安全的重要性。

80 年代后期到 90 年代初，随着我国计算机应用的快速发展，各行业的安全需求也开始显现。计算机病毒、内部信息泄漏和系统宕机等安全问题也成为政府部门和企业无法避免的问题。此外，西方国家的信息技术革命促使我国认识到信息化的重要性，如美国“信息高速公路”等政策，在此背景下我国信息化开始进入较快发展期，计算机安全需求更加迫切，计算机安全事业开始起步。

2. 启动阶段：1994—1999 年

90 年代中期，国家逐步认识到计算机安全工作重要性。1994 年，公安部颁布了我国第一部计算机安全方面的法律——《中华人民共和国计算机信息系统安全保护条例》，较全面地从法规角度阐述了计算机信息系统安全的相关概念、内涵、管理、监督、责任。

与此同时，许多企事业单位开始把安全工作作为系统建设中的重要内容来对待，开始建立专门的安全部门来开展网络安全工作，一大批基于计算机及网络的信息系统建立起来并开始运行，成为网络安全产业发展的基础。

在国家信息化发展的基础之上，我国逐步出现了一系列网络安全企业，IT 安全产业开始起步。从 1995 年开始，一系列网络安全企业开始成立，如天融信、启明星辰、北信源、卫士通等，这些企业至今仍是 IT 安全产业的领军企业。

3. 发展阶段：1999—2004 年

从 1999 年前后开始，中国 IT 安全产业进入发展阶段，逐步走向正轨。国家高层领导进一步加强对信息安全工作的重视，国家出台了一系列重要政策措施，如 1999 年国家计算机网络与信息安全管理协调小组成立，2001 年国务院信息化工作办公室成立专门的小组负责网络与信息安全相关事宜的协调、管理与规划。

在此期间，网络安全企业数量大幅增加，如绿盟科技等企业成立，联想、东软等企业也逐步建立了自己的网络安全部门。同时，整个 IT 安全产业规模也得到快速增长，1998 年中国 IT 安全市场销售额仅 4.5 亿元人民币左右，到 2004 年这个数字已经达到 46.8 亿元，增长了 10 倍。

4. 调整阶段：2005 年至今

2005 年以来，IT 安全产业进入调整阶段，IT 安全行业的政策环境、发展模式都不断发生变化，各大网络安全企业的生存状况也发生严重分化。2008 年，卫士通成为我国第一家网络安全上市企业，随后的几年中，国民技术、启明星辰等企业也逐步上市，特别是奇虎 360 和网秦科技于 2011 年在美国上市，大大提升了我国 IT 安全产业的整体知名度。此外我国 IT 安全产业规模在这一阶段也得到大幅提升，至 2014 年，产业规模已超过 330 亿人民币，相比 2004 年增长了近 7 倍。

互联网行业发展模式给 IT 安全行业带来了重大变革。2005 年，奇虎 360 正式成立，随后的几年中，奇虎 360 给我国消费级 IT 安全市场带来了一场革命。2008 年，奇虎 360 正式推出免费个人杀毒软件，将互联网模式带入 IT 安全行业，引发一系列 IT 安全软件行业的重大变革。2005 年，网秦科技正式成立，启动了移动安全时代。2013 年以来，百度、腾讯和阿里等互联网厂商相继进入网络安全领域，进一步推动 IT 安全产业的互联网化。

随着国际网络安全形势的日趋紧张，世界各国对网络安全的重视程度不断提升，我国网络安全政策也面临调整，IT 安全产业面临新的变革。随着“棱镜门”等事件的发生，我国政府已经把网络安全作为国家安全的重要内容来看待，国家在网络安全方面的投入也将进一步增加，包括中国电子信息产业集团公司（CEC）、中国电子科技集团（CETC）等在内的央企也逐步介入 IT 安全行业，国家网络安全将成为 IT 安全产业的重要内容。

三、产业链分析

IT 安全产业主要包含 IT 安全软件提供商、IT 安全硬件提供商和 IT 安全服务提供商三个角色，这些提供商连同上下游企业，以及最终用户，构成了 IT 安全产业链。上游企业主要包括开发工具提供商、基础软件提供商、基础硬件提供商和元器件提供商等。下游企业主要包括信息安全集成商和最终用户。

当前 IT 安全产业方面服务化趋势很明显，主要体现在各类信息安全解决方案上。随着信息化的深入应用，各行业、企业和个人的信息安全要求日益提高，单一的信息安全软硬件产品不再能够满足用户需求，要求解决整体信息安全问题的集成化信息安全整体解决方案。整体信息安全解决方案往往需要整合多家信息安全企业的软硬件产品，并提供各种培训、教育等方面的信息安全服务。

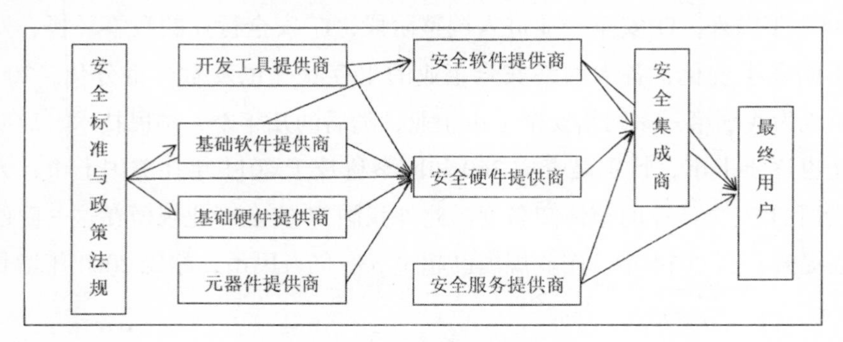

图9-1 IT安全产业链

数据来源：赛迪智库整理，2015年4月。

我国IT安全产业协同度正在逐步提高。首先，IT安全提供商为了获得更好的价格政策和全方位的技术支持，与上游重要硬件厂商和软件厂商合作。其次，与国外大型IT综合服务商、IT咨询公司和国内研究机构等的合作日趋紧密。国外大型IT综合服务商、IT咨询公司和国内行业研究机构对于行业未来发展趋势有着全面的把握，可促使IT安全服务商积淀行业知识，逐步切入客户核心业务系统。而国内的IT技术研究机构则可帮助IT安全服务商以更低的成本、更快的速度加强IT技术储备。另外，IT安全厂商之间的合作得到重视，开始尝试互为渠道、优势互补的多方共赢模式。

第二节 发展现状

一、产业仍处于快速增长阶段

2014年，随着国家在科技专项上的支持加大、用户需求扩大、企业产品逐步成熟和不断创新，IT安全产业依然处在快速成长阶段，产业规模达到330.5亿元，比2013年增长26%。

表9-1 2012—2014年我国IT安全产业规模及增长率

	2012年	2013年	2014年
产业规模（亿元）	216.4	262.3	330.5
增长率	20.9%	21.2%	26%

数据来源：赛迪智库，2015年4月。

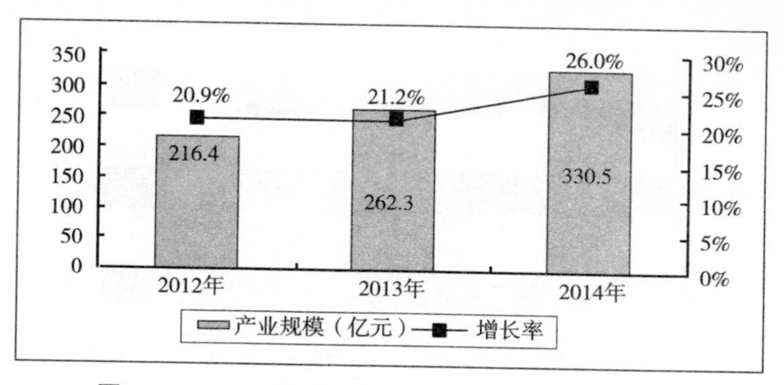

图9-2　2012—2014年我国IT安全产业规模及增长率

数据来源：赛迪智库，2015 年 4 月。

二、产业呈现集成化、智能化和服务化趋势

随着信息网络广泛而深入的应用，安全问题与日俱增，网络安全产品与服务演化为多技术、多产品、多功能的整合，多层次、全方位、全网络的综合防御趋势不断加强，集成化、智能化和服务化的趋势已不可逆转。一是网络安全正朝着构建完整、联动、可信、快速响应的集成化防护防御解决方案方向发展。利用可信计算的理念构建新技术、新应用下的信息系统安全保障体系成为趋势；产品功能集成化、系统化趋势明显，功能越来越丰富，性能不断提高；产品间自适应联动防护、综合防御水平不断提高。二是信息网络对高效防范和综合治理的要求日益提高，网络安全智能技术日益受到重视。过去的安全产品是孤立的，主要由人来操作和实施，而现在安全需求的提高和安全产品的集成化增加了实施过程的复杂性，要求在产品自身实现在线分析、数据挖掘等智能化功能，从而自主给出应对策略。安全产品逐步向智能化发展。三是 IT 安全产业结构正从技术、产品主导向技术、产品、服务并重调整，安全服务逐步成为产业发展重点。信息技术网络化、服务化和消费化趋势都在积极推动网络安全服务化，安全服务在产业中的比重将不断提高，逐渐主导产业的发展。从未来几年 IT 安全产业结构发展情况看，安全硬件所占比重逐步减少，软件和服务所占比重不断增加，具体数据如下图所示。

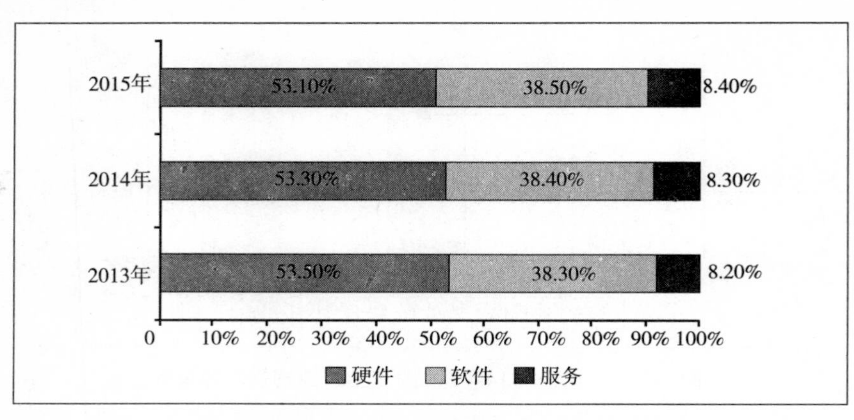

图9-3 2013—2015年我国IT安全产业结构

数据来源：赛迪智库，2015年4月。

三、“合纵连横”促进产业力量快速壮大

随着网络安全的重要性日益凸显，企业不断通过并购和战略合作等形式提升自身能力。一方面，互联网企业通过合作或资本运作不断提升自身安全能力。2014年1月9日，新浪同安全宝达成了合作协议，安全宝将入驻新浪云计算平台。4月28日，猎豹移动公司宣布与百度、金山、小米签署股份认购协议，其股东将集合腾讯、百度、小米等互联网巨头。11月18日，新加坡移动应用安全解决方案提供商V-Key宣布，已获得阿里蚂蚁金服和泰科创业投资公司合计1200万美元的投资，该公司主要为移动用户提供身份识别、电子商务交易安全等服务。另一方面，IT安全企业不断通过并购等资本运作手段壮大自身的实力。9月29日，绿盟科技公司拟收购亿赛通100%股权，以填补其在数据安全和网络内容安全管理领域的技术产品空白。11月7日，启明星辰公司与杭州合众信息技术股份有限公司达成协议，拟收购该公司51%股份，该公司是专门从事数据交换和数据处理产品研制生产的厂商和系统集成商。

四、企业级市场成为产业重要增长点

在过去几年中，网络安全事件频繁发生，企业面临严峻的网络安全威胁，企业级市场成为产业发展的重要力量。一是企业级数据安全市场成为重要的增长点，在过去的2014年，数据泄露事故不断发生，造成了巨大经济损失和舆论压力，与此同时，业务数据和用户数据的价值快速攀升，通讯和互联网厂商不断加大在数据安全方面的投入，数据安全逐步得到用户认可和重视，国内诸多厂商开始布局数据安全，如启明星辰收购书生电子，加强在数字签名、电子印章等方面的力量。二是企业级移动安全软件市场快速发展，当前企业IT应用建设逐步向移动迁移，企业级的移动应用已成为必然的发展方向，而移动安全则是企业移动信息化的首要问题，BYOD所引起的设备管理问题、移动办公条件下的企业机密数据保护等，都是企业所重视的安全问题。据测算，2014年企业级移动应用市场将达到90亿元人民币，而相应的企业级移动安全市场则达到1.28亿元人民币。

第三节　面临的主要问题

一、产业结构不合理

网络安全相关技术研发能力不足，产业结构上不合理，使得层次分明的骨干企业群体难以形成。一是缺乏专门为政府、军队等提供整体架构设计和集成解决方案，形成解决国家级网络安全问题的承包商，这些企业将担负国家级网络安全体系的支撑，并且在企业规模上有量级提升的可能；二是缺乏提供行业解决方案和完整产品线的专业网络安全企业，这种企业具备提供完整的产品、设备，以及某个具体层面解决方案的能力，带动性强，人才、资金、技术上能够保持长期的积累；三是缺乏提供专用、新型技术和产品的独立网络安全企业，这种企业专门提供网络安全专用技术和产品，协助前两类企业，向政府和企业用户提供产品和技术，在产业链关键环节有突破能力、关键技术创新能力。

二、产品配套和安全服务能力不强

当前，我国IT安全厂商在一些关键技术和产品的信息安全测评方面还存在技术缺失。一是IT安全配套能力差，产品与产品间的配套能力和产品与服务间的配套能力均不强，加密芯片、安全模块等基础类网络安全产品的价值链短；二是整机配套能力差，不同网络安全产品之间、网络安全产品与IT产品之间均存在配套性差的问题；三是安全服务能力不强，国内网络安全服务产业价值链尚未形成，以产品评测为例，对进口技术和产品的检测主要集中在功能性测试，很少涉及其技术核心，如芯片、操作系统、PLC等，不能发现产品的安全漏洞和“后门”，实现相关技术产品的底层信息安全测评还需要一定的技术突破。此外，在服务规

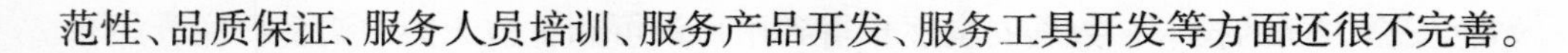

范性、品质保证、服务人员培训、服务产品开发、服务工具开发等方面还很不完善。

三、产业发展缺乏足够支持

我国在核心技术能力上与西方国家存在巨大差距，亟须国家层面大力支持，然而国家投入远远少于西方国家。一是国家资金投入不足，美国等西方国家在网络安全方面投入巨大，如美国最近几年网络安全预算都超过100亿美元，2013年为103亿，2014年为130亿，2015年为125亿，相比而言，我国投入差距较大；二是产业政策存在诸多弊端，美国等西方国家重视网络安全企业的发展，如美国为小型企业研发创新性网络安全解决方案设立特殊基金，并要求大型国防承包商将一定比例的网络安全解决方案分包给小型企业，从而充分利用小企业的创新能力，同时欧美政府大力支持网络安全外包服务，而我国当前政府采购中仍未对网络安全服务有所限制；三是应用市场引导不足，随着网络安全问题日益突出，大型企业的网络安全预算不断增加，如普华永道对758家银行、保险商和其他金融服务公司的调查显示，2014年这些公司的网络安全支出约为2.5亿美元，IDC预计2014年美国零售商安全支出将达到7.2亿美元，在市场的刺激下，资本市场对网络安全企业的投资也不断增加，但在中国，由于网络安全管理政策引导不明朗，市场需求仍未完全激发。

第十章　灾难备份产业

第一节　概述

一、概念及范畴

（一）数据中心

数据中心（DC）主要为客户提供基于数据中心的服务（其中不包括客户自己建设的数据中心）。数据中心是集中化的资源库，可以是物理的或虚拟的，它针对特定实体或附属于特定行业的数据和信息进行存储、管理和分发。

数据中心服务提供商（SP）是提供基础数据中心服务的第三方数据中心提供商或运营商，服务类型包括数据中心、机柜和服务器的租赁、虚拟主机、域名注册，以及其他增值服务等。

表 10–1　数据中心服务类型

服务类型	细分类型	服务名称
基础服务	资源相关的基础业务	专用机房 服务器租赁 宽带租赁等
	其他基础服务	域名服务 虚拟主机 企业邮箱等
增值服务	网络管理	KVM 流量监控 负载均衡 网络监控等

（续表）

服务类型	细分类型	服务名称
	安全	硬件防火墙 网络攻防 病毒扫描等
	数据备份	数据备份 专用数据恢复机房 业务连续性服务
	其他增值服务	IT外包 企业信息化 CDN等

数据来源：赛迪智库整理，2015年4月。

（二）企业数据中心

企业数据中心（EDC）是数据中心的一种，主要基于数据中心为大中型企业提供生产经营系统的运行场所，以及相应的增值服务。企业数据中心主要面向高端客户，与通常的互联网数据中心（IDC）相比，在建设标准、服务等级等方面要求更高。

（三）灾备服务

灾难备份，即灾难备份与恢复，是指利用技术、管理手段以及相关资源确保关键数据、关键数据处理系统和关键业务在灾难发生后可以恢复的过程。一个完整的灾备系统主要由数据备份系统、备份数据处理系统、备份通信网络系统和完善的灾难恢复计划所组成。

灾备服务一方面包括基于灾备中心的灾难恢复和业务连续性服务，另一方面也包括灾备中心建设咨询、灾备基础设施租赁、业务连续性计划、灾备中心运行维护等相关第三方外包服务。

二、发展历程

我国数据中心和灾难备份行业与欧美等国相比出现较晚，其发展历程可以大体划分为三阶段：

萌芽阶段：1996—2000年。我国IDC服务的雏形最早出现在1996年，主要是原中国电信最初提供的托管业务和信息港服务，其业务主要定位在通过托管、外包等方式向企业提供大型主机的管理维护，从而达到专业化管理和降低运营成本的目的。

起步阶段:2000—2005年。2000年前后,随着互联网在国内市场的高速发展,国内网站数量激增,企业上网的需求也大幅增长,IDC市场迅速增长。在此阶段,IDC主要以电信级机房设备为基础,向用户提供专业化的数据存放业务。2000—2002年间,第一轮互联网泡沫的破灭导致IDC行业进入低潮。2002年之后,服务于网络游戏、视频等应用的IDC业务进入调整增长期。在此期间,第三方灾难备份业务开始出现,如中国电信在2004年左右已经开始为银行、证券等行业提供灾备服务。

发展阶段:2005年至今。随着互联网应用的快速发展和互联网用户数的剧增,大量互联网企业重新规划网络架构,进一步推动了国内IDC市场的发展。特别是2010年以来,云计算技术的快速发展,各大运营商和IDC运营商都将云计算服务作为发展重点,一方面满足自身业务发展需要,另一方面也为第三方提供IaaS、PaaS等新型网络服务。目前各地政府也已经将网络数据与信息资源看成科技创新和产业发展的战略性资源和核心竞争力,大力支持海量数据存储和处理的数据中心的建设。

从全国范围内看,国内三大电信运营商和各灾备企业,均大力建设数据中心,如中国电信数据中心机房已经超过400个,中国联通超过200个,万国数据经营的数据中心已经超过15个,中金数据则自主建设了4个大型数据中心。

三、产业链分析

第三方数据中心及灾备服务提供商,连同上下游企业,以及最终用户,构成了第三方数据中心及灾备服务产业链。上游企业主要包括软件提供商、硬件提供商、系统集成商和电信运营商等。下游主要是最终用户,包括个人和企业级用户。

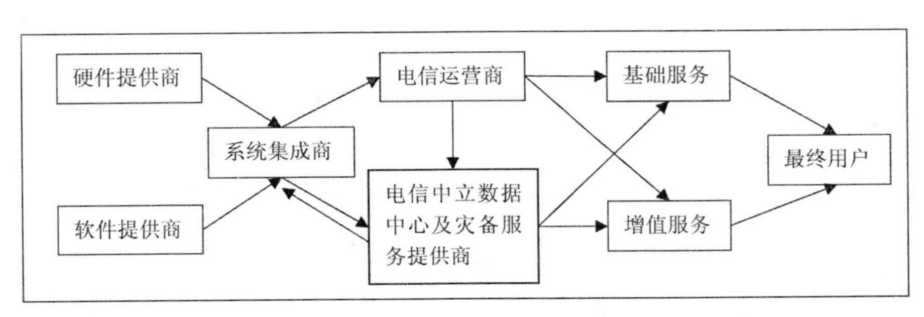

图10-1 第三方数据中心及灾备服务产业链

数据来源:赛迪智库整理,2015年4月。

从业务类型上看,第三方数据中心及灾备服务主要包括互联网数据中心服务、企业数据中心服务和灾备服务三类，而服务提供商主要包括互联网数据中心服务提供商和企业数据中心及灾备服务提供商。互联网数据中心服务一般面对中小企业及个人客户，基础设施建设和服务要求较低，而企业数据中心与灾备服务一般面对大型企业,基础设施和服务要求比较高,两类服务提供商的业务也存在交叉。

网络和电信环境是第三方数据中心和灾备服务的重要基础设施，从这个角度讲，电信运营商具有得天独厚的优势，电信、联通和移动三大电信运营商在行业中占据重要地位，由于其数据中心主要使用自己的网络和电信环境，一般称之为非电信中立服务提供商，其他可提供多家运营商网络环境的服务提供商则被称为电信中立服务提供商。

电信运营商自身拥有带宽资源和大量数据中心空间资源的所有权，所以他们在利用自身的资源为用户提供服务的同时，也为一些第三方数据中心和灾备服务提供商提供资源。目前电信运营商主要向用户提供基础服务，包括专用机房、服务器租赁等，与此同时，电信运营商也开始开拓一些增值服务，主要包括网络管理、网络安全、数据备份等。

电信中立第三方数据中心和灾备服务提供商是该市场的重要力量，他们需要运营商所提供的通信网络带宽等资源，二者保持密切的合作关系，而在服务市场上，二者又存在一定的竞争关系。电信中立第三方数据中心服务提供商提供的服务包括基础服务和增值服务。除此之外，为客户提供建设数据中心咨询和灾备解决方案等服务也是第三方数据中心服务提供商的一项重要业务，这部分业务可能涉及到系统集成商之间的合作。

由于信息化的快速发展，数据中心市场的最终用户已经扩展到政府以及各行业的企业，其中互联网企业是主要的客户群。这些用户中，政府和大型企业对于数据中心的等级要求往往更高。

第二节　发展现状

一、市场发展潜力巨大

目前我国第三方数据中心和灾难备份服务市场规模整体较小，但是发展速度非常快，发展潜力巨大。下面从数据中心市场和灾难备份服务市场两方面介绍：

（一）数据中心市场

目前我国数据中心市场规模虽然整体比较小，但发展潜力巨大。2014年，中国数据中心市场规模达到156亿元，总体保持稳定的增长态势。在国际市场上，企业级数据中心占据较大比例，但我国目前国内企业数据中心比例还比较小，大中型企业一般自己建设数据中心，但是随着企业观念的逐步转变，企业级数据中心市场规模将快速增长。

表10-2　2011—2014年我国数据中心市场规模及增长率

	2011年	2012年	2013年	2014年
产业规模（亿元）	80.4	99.5	123.5	156
增长率	19.2%	23.8%	24.1%	26.3%

数据来源：赛迪智库，2015年4月。

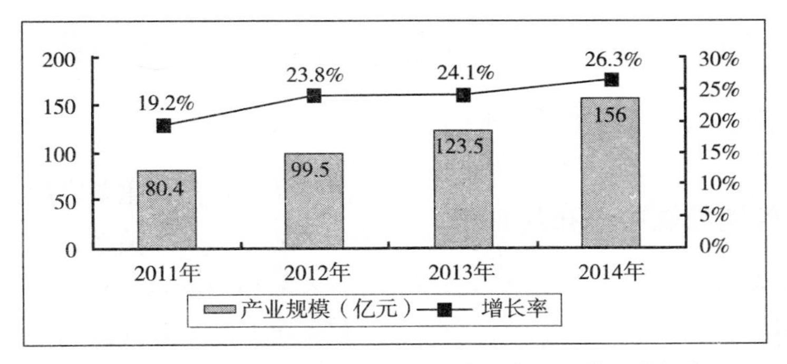

图10-2　2011—2014年我国数据中心市场规模及增长率

数据来源：赛迪智库整理，2015年4月。

（二）灾难备份服务市场

灾难备份服务可以看作是数据中心的增值服务部分，我国灾备服务市场规模在整体数据中心服务中上占比仍然比较小，但随着市场对灾备外包服务的逐步认可，灾备服务市场将进入快速增长期。2014年，国内灾备服务市场规模达到90.1亿元，总体保持良好的上升趋势。

表 10-3　2011—2014 年我国灾难备份服务市场规模及增长率

	2011年	2012年	2013年	2014年
产业规模（亿元）	49.8	60.5	73.9	90.1
增长率	27.2%	21.4%	22.3%	21.8%

数据来源：赛迪智库整理，2015 年 4 月。

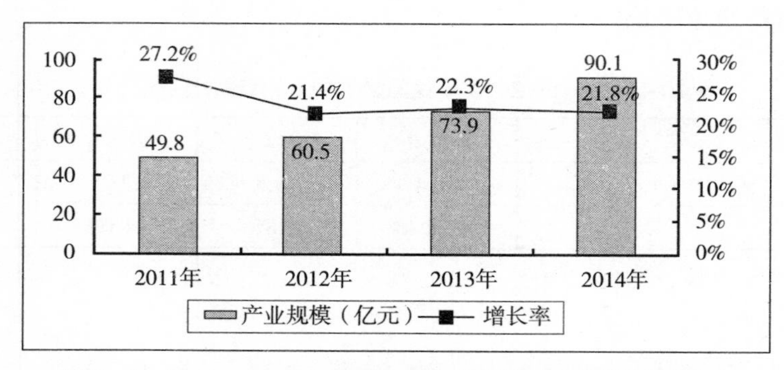

图10-3　2011—2014年我国灾难备份服务市场规模及增长率

数据来源：赛迪智库整理，2015 年 4 月。

二、各地数据中心布局加快

随着信息化建设的推进，特别是云计算和大数据的快速发展，全国各地不断推进云计算和大数据中心的建设，为第三方数据中心和灾难备份服务提供了坚实的基础。2014 年 4 月，贵州省经信委发布《贵州省大数据产业发展应用规划纲要（2014—2020 年）》，坚实推动大数据产业布局，2014 年被称为贵州、贵阳大数据产业发展的“起跑之年”，以科技创新、区域合作为引领，以中关村贵阳科技园为平台，实现电子信息产业与高新技术产业、现代制造业、现代服务业、现代农业的协同发展，建设了贵阳云计算中心、贵州国际金贸云基地数据中心、贵州翔明 IDC 数据中心、贵阳讯鸟云计算中心、经开区中小企业云计算服务基地等多个大数据中心。2014 年 4 月，广东省政府印发《广东省云计算发展规划（2014—2020 年）》，明确提出“布局建设一批公共服务、互联网应用服务、重点行业和大型企业云计算数据中心和远程灾备中心”；12 月份，广东省经信委公布《广东省大数据发展规划（2015—2020 年）》（征求意见稿），提出要“形成 2—3 个大数据产业基地”。

三、行业发展得到进一步规范

数据中心和灾难备份服务本身的规范性对于用户数据安全有很大影响，提升自身服务规范性对于发展第三方服务有重大意义。2014 年 1 月 22 日，中国电信、中国联通、中金数据、润泽科技、世纪互联、鹏博士、万国数据、国富瑞、帝联科技、太平洋电信等国内数据中心行业骨干企业共同签署了由联盟发起的国内首部《中国数据中心行业自律公约》。该自律公约能够有效规范我国数据中心行业从业者行为，促进和保障数据中心行业健康发展，对我国数据中心行业未来健康发展，以及提高数据中心行业在国民经济中的地位均有重要的现实意义。

四、政府监管力度逐步加大

近年来，中国灾备市场进一步规范化，政府不断推进政策、法规的制定。信息系统灾难备份与恢复是信息安全保障工作的基础性工作和重要环节。随着我国灾备工作的快速发展，越来越多的企事业单位承担灾备系统及数据中心建设项目。开展信息系统灾难备份与恢复服务资质认证，可以对灾难备份与恢复服务提供商资质、能力进行客观、公正的评价，对于加强灾难备份与恢复工作管理，引导行业健康规范发展具有积极作用。2014 年 12 月 16 日，中国信息安全认证中心向首批通过信息系统灾难备份与恢复服务资质认证的万国数据、南瑞集团、太极计算机股份有限公司等 7 家企业颁发了认证证书。

表10-4　信息系统灾难备份与恢复服务资质企业一览表

序号	证书编号	获证单位名称	服务类别	证书状态	级别	获证日期
1	ISCCC-2014-ISV-DR-001	万国数据服务有限公司	灾难备份与恢复	有效	一级	2014.12.16
2	ISCCC-2014-ISV-DR-002	南京南瑞集团公司	灾难备份与恢复	有效	一级	2014.12.16
3	ISCCC-2014-ISV-DR-003	太极计算机股份有限公司	灾难备份与恢复	有效	一级	2014.12.16
4	ISCCC-2014-ISV-DR-004	首都信息发展股份有限公司	灾难备份与恢复	有效	二级	2014.12.16
5	ISCCC-2014-ISV-DR-005	山东九州信泰信息科技有限公司	灾难备份与恢复	有效	三级	2014.12.16
6	ISCCC-2014-ISV-DR-006	北京盛世全景科技有限公司	灾难备份与恢复	有效	三级	2014.12.16
7	ISCCC-2014-ISV-DR-007	山东万高电子科技有限公司	灾难备份与恢复	有效	三级	2014.12.16

数据来源：中国信息安全认证中心，2014 年 12 月。

第三节　面临的主要问题

一、国内行业管理需进一步规范

虽然我国出台一系列管理政策和标准，但国内数据中心和灾备中心的合规性仍较差。据统计，我国数据中心数量接近46.3万个，80%以上是小于500平米的微型数据中心，超过2000平米的大型数据中心仅有230个左右[1]。在能效控制方面，普遍耗能较高，平均能效PUE值大约在2.5—3左右。传统数据中心要面对能耗、管理效率、高可用性、安全性和业务持续性等一系列挑战，而当前从我国数据中心布局状况来看，数据中心规模化不够，集约化程度不高，并且，现有的技术仍无法高效实现跨地域数据中心间资源统一调配，数据中心变革已迫在眉睫。数据中心在这种粗放化的发展模式下，造成了大量信息化建设基础设施难以实现共享、行业发展不均衡、硬件资源利用率较低等结果，并且，大部分数据中心均分布在经济较发达的城市或区域中心，建设和运营成本较高等。

二、核心技术产品由国外企业把持

目前灾难备份与恢复的核心技术主要由国外一些跨国企业所掌控，我国灾难备份与恢复难以实现自主可控。目前基本上所有的灾难备份和恢复系统都是由IBM、EMC和Oracle等国际大厂商提供，国内一些企业的产品，如浪潮、华为、达梦等，在可用性、易用性和产品性能方面都很难与国外产品相媲美，从而导致其产品在市场上没有销路，这也进一步恶化了国内厂商的生存空间。我国目前从事第三方灾难备份和恢复业务的企业，都没有自己的核心技术产品，只能实现系统集成或者基础设施外包。核心技术的缺失，一方面不利于国内企业的健康发展，另一方面给我国网络安全带来了重大安全隐患。我国一些重要的基础设施和重要领域的信息系统都需要通过灾难备份来保证其业务连续性，而灾难备份系统自身技术的安全性不能保证可能遭到威胁的这些系统的安全，从而进一步影响到国家安全。

[1]　《中国数据中心布局特点与发展策略研究》，赛迪顾问，2014年11月。

三、第三方服务采购比例不足

在灾备市场上，政府和大型企业是市场需求的主体，在我国这些领域尚未大规模采购第三方数据中心和灾备服务。受安全因素影响，我国政府部门一直通过自建数据中心来满足自身需求，转而采购第三方服务的探索刚刚开始，引领作用尚未充分显现。虽然国家已经通过相关政策，在确保安全的前提下，鼓励行政机关带头使用专业机构提供的云服务，逐步减少政府自建数据中心的数量，并引导企事业单位逐步将相关应用向专业机构提供的云服务上迁移，也出现中国气象局等国家部委采购云服务的情况，但由于应用方对第三方服务的规范性和安全性等仍存在一定的疑虑，相关努力尚未取得明显效果。对于重要行业的大型企业而言，特别是金融、电力、交通等，迫于业务运行可靠性要求，其已经建设了大量数据中心和灾备中心，当前转向第三方服务的动力不足。

四、行业节能降耗压力大

随着信息化快速发展，全球数据中心建设步伐明显加快，据统计，数据中心总量已经超过 300 万个，耗电量占全球总耗电量的比例为 1.1% ~ 1.5%，其高能耗问题已引起各国政府的高度重视。国际上已经展开大量数据中心节能降耗相关研究和实践活动，通过应用节能、节水、低碳等技术产品以及先进管理方法建设绿色数据中心，实现能源效率最大化和环境影响最小化，如美国政府实施了“数据中心能源之星”、“联邦数据中心整合计划”，欧盟实施了“数据中心能效行为准则”，国际绿色网格组织开展了数据中心节能标准制定和最佳实践推广，建立了绿色数据中心的推进机制，引导数据中心节能环保水平的提升。目前，美国数据中心平均电能使用效率（PUE）已达 1.9，先进数据中心 PUE 已达到 1.2 以下。近年来，我国数据中心发展迅猛，但在节能降耗方面与国际先进水平有较大差距，节能压力巨大。

第十一章　电子认证服务业

第一节　概述

一、概念与范畴

（一）电子签名和数据电文

2005年4月1日，《中华人民共和国电子签名法》（以下简称《电子签名法》）出台。《电子签名法》对电子签名的概念作了规定。电子签名是指数据电文中以电子形式所含、所附用于识别签名人身份并表明签名人认可其中内容的数据。电子签名的概念包含以下内容：一是电子签名是以电子形式出现的数据；二是电子签名是附着于数据电文的，既可以是数据电文的一个组成部分，也可以是数据电文的附属，与数据电文具有某种逻辑关系或能够使数据电文与电子签名相互联系在一起；三是电子签名必须能够识别签名人身份并表明签名人认可与电子签名相联系的数据电文的内容。

不同的技术、程序或方法得到的电子签名，可靠性和可信性并不完全相同。《电子签名法》规定，只有可靠电子签名才与手写签名具有同等法律效力。可靠电子签名必须满足四个条件：（1）电子签名制作数据用于电子签名时，属于电子签名人专有；（2）签署时电子签名制作数据仅由电子签名人控制；（3）签署后对电子签名的任何改动能够被发现；（4）签署后对数据电文内容和形式的任何改动能够被发现。其中，电子签名制作数据是指在电子签名过程中使用的，将电子签名与电子签名人可靠地联系起来的字符、编码等数据；电子签名人是指持有电子签名制作数据并以本人身份或者以其所代表人的名义实施电子签名的人。

数据电文在我国《电子签名法》里被定义为，以电子、光学、磁或者类似手段生成、发送、接收或者储存的信息。数据电文的概念包含两层意思：第一，数据电文使用的是电子、光、磁手段或者其他具有类似功能的手段；第二，数据电文的实质是各种形式的信息。此外，《电子签名法》还规定，如果一项数据电文具有如下两项功能：一是能够有形地表现所载内容，二是可以随时调取查用，即可视为符合法律、法规要求的书面形式，不得仅因为其是以电子、光学、磁或者类似手段生成、发送、接收或者储存而拒绝作为证据使用。

（二）数字签名与数字证书

数字签名是电子签名的一种，是指通过一种数学运算，建立唯一匹配的一对非对称密钥，即公钥和私钥，通过使用非对称密码加密系统对数据电文进行加密、解密变换来实现签名和验证。数字签名可以较好地保证公开网络上信息的安全性和保密性、保障数据的完整性并避免数据被非法篡改，是目前应用最广泛、技术最成熟、可操作性最强的电子签名形式。

有些电子签名是可以直观验证的，比如采用生物识别技术的电子签名，有些电子签名则是不能直观验证的，必须提供一种方法把电子签名与电子签名人联系起来，数字签名便是这样一种技术。为了更安全地提供公钥的拥有证明，1978年 Kohnfelder 提出了数字证书的概念。

数字证书是包含电子签名人的公钥数据和身份信息的数据电文或其他电子文件，通过公钥与私钥的一一对应关系，从而建立起电子签名人与私钥之间的联系。数字证书可以使互不相识的网络主体证明各自签名的真实性，是双方之间建立相互信任的基础，同时还可以为网络主体参与各类网络活动提供身份及资格、权限等方面的证明，具有类似身份证和通行证的功能。拥有数字证书的电子签名人也称为证书持有者，依赖于证书真实性的实体称为证书依赖方。

（三）电子认证服务与电子认证服务机构

电子认证服务是基于数据电文接收人需要对收到的数据电文发送人的身份及数据电文的真实性、完整性进行核实而产生的。电子认证服务是指为电子签名的真实性和可靠性提供证明的活动，包括签名人身份的真实性认证、签名过程的可靠性认证和数据电文的完整性认证三个部分，涉及证书签发、证书资料库访问以及网络身份认证、可靠电子签名认证、可信数据电文认证、电子数据保全、电子举证、网上仲裁等服务。

证书签发是指鉴别证书申请人身份及签发证书；证书资料库访问是指提供有效的方式确保证书依赖方或证书持有者等可以从资料库中查询下载相关信息；网络身份认证是指对网络应用主体身份的真实性提供证明的活动；可靠电子签名认证是指证明电子签名是否满足可靠电子签名四个条件的活动；可信数据电文认证是对数据电文的完整性、真实性提供证明的活动；电子数据保全是指提供数据电文安全、可靠的存储服务；电子举证是指提供具有法律效力的数据电文；网上仲裁是指在网络身份认证、可靠电子签名、可信数据电文等电子认证服务的基础上在线提供网络交易纠纷解决的活动。

电子认证服务机构是指提供电子认证服务的企业法人、事业单位等主体，简称CA机构（Certificate Authority）。电子认证服务机构与数字证书持有者、证书依赖方共同构成公钥基础设施（PKI）体系的主体，当电子认证服务机构是独立于证书依赖方和证书持有者的实体时，称之为第三方电子认证服务的机构。第三方电子认证服务机构具有如下特点：第一，第三方电子认证服务机构的价值在于身份解决中的独立地位，由于具有独立、公正的地位和作用，第三方认证服务在保障网络身份真实、网络行为可溯、数据电文可信、维护用户在互联网环境下的合法权益和实现可靠电子签名具有重要作用；第二，第三方电子认证服务的应用场景更多，第三方电子认证服务广泛应用于独立责任主体之间的信息交换过程；第三，第三方电子认证服务机构由于其权威性和公信力更高、专业化和市场化发展的更好，得到社会的普遍认同，发展前景更加广阔。

二、发展历程

电子认证服务业属于新兴行业，其发展可大致分为三个阶段。

（一）起步阶段：1998—2004年

自1998年第一家CA机构中国电信电子认证服务机构（CTCA）成立以来，直到2004年全国建立了超过30家电子认证服务机构，其中有上海CA、中国金融认证中心、国际电子商务认证中心、天威诚信CA以及其他部委和地方性电子认证服务机构等。电子认证服务机构虽多，但发放的数字证书却非常少。全国有接近50%的电子认证服务机构发放的免费证书数量大于收费证书数量。各电子认证服务机构中实现盈利的机构更是寥寥无几，只占约5%。这一阶段的电子认证服务机构长期处于无统一主管部门、无能力推广、服务缺乏法律效力等不被人知的状态。

（二）发展阶段：2005年—2010年

2005年4月1日，《中华人民共和国电子签名法》颁布实施，授权工业和信息化部（原信息产业部）作为电子认证服务主管部门，对电子认证服务提供者实施行政许可和监督管理。到2005年底，我国已有15家电子认证服务机构获得了工业和信息化部颁发的电子认证服务许可证，到2010年底，已增加到31家，分布在全国21个省、自治区、直辖市。2006年和2007年是我国电子认证服务业发展较艰难的一段时期，虽然数字证书发放量保持稳步增长，但是营业收入增长缓慢，多数电子认证服务机构为扩大证书市场占有率，签发了大量免费证书，证书价格也受此影响呈现出下跌趋势，大约有一半的CA机构没有实现盈利。熬过发展初期的困难阶段，2008年之后电子认证服务业迎来了发展期，不仅数字证书总量逐年攀升，各机构盈利能力也显著增强。截至2010年底，各电子认证服务机构发放的有效数字证书总量达到1530万张，与2009年相比飙升近1倍，电子认证服务产业总体规模达到30亿元，与2009年相比增长68%。

（三）逐渐成熟阶段：2011年至今

2011年，我国电子认证服务业的首个规划《电子认证服务业“十二五”发展规划》出台，为行业未来发展指明了方向。同时，这一年，《信息安全产业“十二五”发展规划》、《电子商务“十二五”发展指导意见》以及《人力资源和社会保障信息化建设“十二五”规划》等规划陆续发布，明确提出将电子认证服务作为信息安全保障的重要手段，予以培育和支持，极大地促进了电子认证服务在人力资源和社会保障等领域的应用，对电子认证服务的普及起到了良好的推动作用。截至2014年底，我国合法的电子认证服务机构数量已达36家，分布在23个省市区，下设的证书注册机构或代理点已遍布全国，发放的有效数字证书超过2.8亿张，除在传统的政务、商务、金融等领域外，逐步向医疗、电信、教育等领域拓展。随着数字证书业务的飞速发展，基于数字证书，以解决身份认证、授权管理、责任认定为主要目标的下游电子签名应用服务市场得到快速发展，相关的产品或服务包括网站可信认证服务、电子签章、电子合同、时间戳、安全电子邮件等，形成了可持续发展能力。截至2014年底,电子认证服务产业总体规模超过100亿元。

三、产业链分析

经过多年的发展和市场培育，我国电子认证服务产业链初步形成，包括电子认证软、硬件提供商、系统集成商、电子认证服务机构、电子签名应用产品提供商、电子认证公共服务机构、应用单位和终端用户等主体，如图11-1所示。

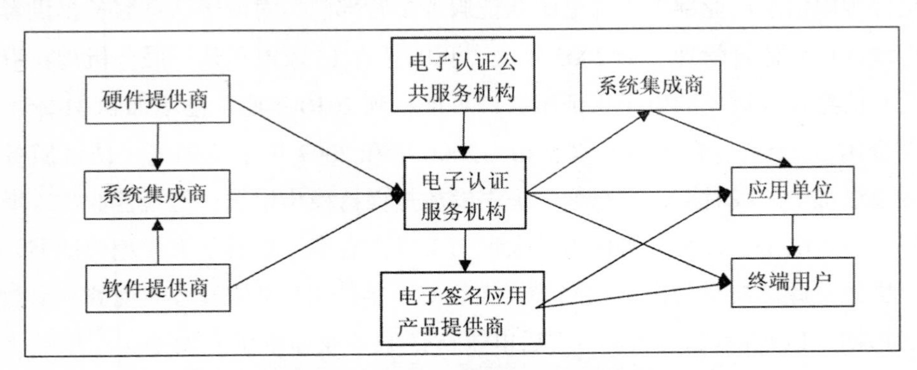

图11-1　电子认证服务产业链示意图

数据来源：赛迪智库，2015年4月。

其中，电子认证软件提供商、硬件提供商和系统集成商位于产业链上游，提供建设运营电子认证服务业务的技术、产品和服务；电子认证服务机构和电子签名应用产品提供商位于产业链中游，前者向社会公众签发数字证书并提供验证服务，后者向终端用户提供基于电子签名与认证技术的具体产品，帮助用户建立数字证书的应用环境，电子认证公共服务机构同样位于产业链中游，为行业提供技术支持、标准研究、人员培训、运营咨询等服务；位于产业链下游的是应用单位和终端用户，以及为应用单位提供信息化系统集成服务的提供商。

第二节　发展现状

一、产业总体规模持续扩大

随着网络化和信息化的快速发展，网络安全问题日渐突出，电子认证服务作为网络安全保障的基础，其需求日益升温，电子认证服务产业总体规模近年来保持高速增长态势，2014年电子认证服务产业总体规模实现129.9亿元，同比增长

38%，首次迈入百亿元台阶，如表 11–1、图 11–2 所示。其中，电子认证软硬件市场规模为 98 亿元，电子认证服务机构营业额为 30 亿元，电子签名应用产品和服务市场规模为 1.9 亿元。

表 11–1　2010—2014 年电子认证服务产业规模及增长率

	2010年	2011年	2012年	2013年	2014年
产业规模（亿元）	30.8	43.4	65.6	94.1	129.9
增长率	68.3%	40.9%	51.2%	43.4%	38%

数据来源：赛迪智库，2015 年 4 月。

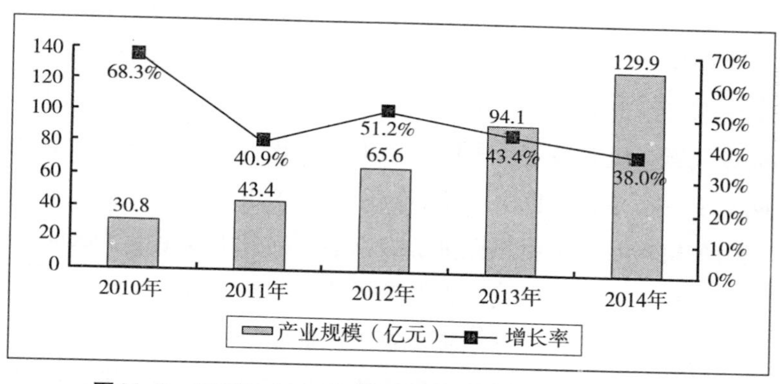

图11–2　2010—2014年电子认证服务产业规模及增长率

数据来源：赛迪智库，2015 年 4 月。

1. 电子认证软硬件市场规模稳步增长

电子认证软硬件产品主要包括 USBkey、签名验签网关、SSL VPN 网关、CA 系统等。近年来，电子认证软硬件市场规模持续扩大，2014 年达到 98 亿元，年增长率为 46.7%，其中，电子认证硬件市场规模约为 96.8 亿元，电子认证软件市场规模约为 1.2 万元。USBkey 的销售量在电子认证软硬件市场规模中所占的比重较大，由于第三方电子认证服务机构以及我国工商银行、建设银行、招商银行等几家大型商业银行依靠自建电子认证系统发放了大量数字证书，增加了 USBkey 等相关产品的销量，同时也加快了硬件设备的损耗和更新周期，带动了电子认证硬件市场规模的增长。

2. 电子认证服务机构营业额低速增长

近年来，电子认证服务机构抓住网络化和信息化快速发展的契机，主动性、积极性迅速提升，不断拓展业务领域和范围，在新技术、新产品、新应用方面积极探索，电子认证服务市场不断扩大。传统的网上报税、网上银行、网上证券等业务继续发展，移动互联网、医疗卫生、教育事业等新兴领域应用方兴未艾，经济效益日益显现。随着行业内企业数量不断增多、盈利能力显著增强，电子认证服务机构总营业额持续攀升，2014年达到30亿元，年增长率约为14.9%。

3. 电子签名应用产品市场规模涨幅较大

电子签名应用产品和服务是指基于数字证书的、提供身份认证、电子签名、信息加解密等应用功能的产品或服务，包括电子签章、电子合同、安全电子邮件、网络可信认证服务、时间戳等。电子签名应用产品和服务可以帮助用户基于数字证书解决业务问题，提升数字证书的应用价值。我国的电子签名应用产品提供商主要分为两类：一类是以提供电子签名应用产品为主的专业安全产品提供商，面向电子认证服务机构及各类用户提供解决方案，本身不涉足电子认证服务；另一类是具有一定的技术与产品研发实力的电子认证服务机构，从整合上下游产业链的角度，提供了从电子认证服务系统、电子认证服务到电子签名应用安全产品为一体的综合解决方案。目前，电子签名应用产品和服务市场规模还相对较小，但发展速度较快，2014年市场规模达到1.9亿元，年增长率为58.3%，显示出可持续发展的能力。

4. 电子认证公共服务机构市场规模不大

电子认证公共服务机构是指为行业、为政府、为社会公众等提供电子认证相关技术支持、标准研究、平台服务、人员培训、运营咨询、规划建议等服务的机构。目前，我国电子认证公共服务机构仍处于培育和发展期，市场规模不大，目前还未有具体的统计数据。

二、政策环境日益向好

一是网络安全重视程度大幅提升。2014年2月27日，中央网络安全和信息化领导小组正式成立，把网络安全提升到国家安全层面，明确提出了“网络安全保障有力”这一目标，对网络安全的重视程度空前。作为国家重要的网络安全基础设施，电子认证服务将得到快速发展。二是行业主管部门营造良好发展环境。

2014年，工业和信息化部组织开展了关于促进电子认证服务业发展的若干意见研究、《电子认证服务管理办法》修订等工作，以规范行业健康发展，同时积极推动网站可信认证服务试点、数字证书跨境互认、可靠电子签名相关标准制定和应用试点等工作，推进行业快速发展。

三、技术创新势头良好

为增强企业技术实力，各电子认证服务机构非常重视技术产品的研发和创新，加强技术研发投入，促进核心技术突破和产品升级。据赛迪智库统计，2014年全年，各电子认证服务机构在技术研发方面的资金投入约达1.9亿元。同时，随着企业知识产权意识的不断增强和研发能力的持续提高，很多电子认证服务机构积极申请专利。截至2014年底，各电子认证服务机构共获得专利40多项，其中不乏独创的、技术含量高的发明专利。此外，由于移动互联网、大数据、物联网和云计算等新兴业态的发展离不开电子认证技术和产品的支撑，多领域技术交叉、深度融合的发展趋势推动了电子认证技术创新，很多机构加强对移动安全产品和技术的研究，开展移动互联网手写签名服务模式研究，积极探索基于云的电子签名服务和解决方案，不断激发市场活力。

四、数字证书应用逐步普及

截至2014年底，全国有效数字证书总量约达2.83亿张，其中，个人证书约2.53亿张，机构证书约2694万张，设备证书约222万张。数字证书覆盖区域日渐扩大，全国31个省、自治区、直辖市均有分布，其中，广东省分布的数字证书量最多，超过7000万张，北京市位居第二，超过4500万张，紧随其后的是湖南、江苏、浙江三省，均超过1000万张，并且证书分布量较少的几个省市也超过20万张，此外，在我国东南部地区的一些省份已经延伸到了中小城市和城镇。数字证书应用领域逐步拓宽，除基于传统互联网的电子政务、电子商务、金融等领域外，在移动电子政务、移动电子商务、移动金融以及医疗卫生、教育事业、工程建设、电子合同备案等新领域得到应用。

五、行业标准进展良好

2014年2月13日，国家密码管理局发布了一批与电子认证相关的行业标准，包括《GM/T 0029-2014 签名验签服务器技术规范》、《GM/T 0031-2014 安全

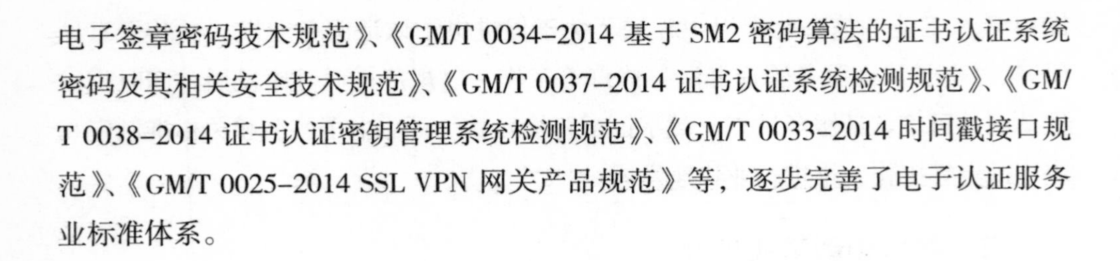

电子签章密码技术规范》、《GM/T 0034-2014 基于 SM2 密码算法的证书认证系统密码及其相关安全技术规范》、《GM/T 0037-2014 证书认证系统检测规范》、《GM/T 0038-2014 证书认证密钥管理系统检测规范》、《GM/T 0033-2014 时间戳接口规范》、《GM/T 0025-2014 SSL VPN 网关产品规范》等，逐步完善了电子认证服务业标准体系。

第三节　面临的主要问题

一、电子认证新应用新模式拓展不足

互联网的繁荣发展带来了丰富的网络应用，也形成了大量数据形式的资产，包括个人信息、企业数据等。随着人类活动日益依赖信息网络，各类安全风险也随之而来，网络安全保障需求也与日俱增。这促使新的认证需求不断开启，推动了认证方式的多元化。实际上，除了基于 PKI 的数字证书认证方式外，现在已经出现了短信密码、动态口令牌、手机令牌、智能卡、生物识别等一系列认证方式，虽然这些认证方式在技术角度并不比电子签名安全性高，但大都是针对特定的应用场景，能够符合其自身安全要求，具备操作便捷、用户友好等特点，从而得到了广泛应用。然而，作为互联网环境下保障人们合法权益的重要手段，电子认证服务的应用模式较为单一，应用范围较为狭窄。目前，电子认证服务业务种类仍比较单一，主要提供企业、自然人数字证书服务，应用范围也仅限于网络身份认证，由于自身应用过程繁琐，在很多互联网应用中很难得到认可，电子签名相关应用尚未大规模开展，不利于行业的进一步发展。

二、社会各方面对电子认证服务的资金投入力度较弱

目前，社会各界对电子认证服务重要性的认识程度仍显不足，认为电子认证服务仅仅是一项市场化活动，而忽略了电子认证服务作为网络信任体系建设中重要基础设施的作用，因而，对电子认证技术研发和创新、基础设施建设等方面的资金支持力度，与其他信息技术产业相比仍然较弱。政府通过资金补贴、项目支持等政策激励企业开发拥有自主知识产权的国产化技术和产品、搭建全国性的基础平台（如政府外网、内网访问控制平台、统一网络身份管理与服务平台等）的

力度不强，在投融资渠道方面，风险投资、民营资本投入到电子认证服务业的力度也非常有限。

三、电子认证服务专业人员严重匮乏

由于电子认证服务业是新兴服务业，社会上对电子认证服务的理解和重视程度还远远不够，加上我国相关学历教育尚不完善，未形成产学研结合的人才培养体系，岗位从业认证机制不健全，人才队伍建设尚不完善。同时，我国电子认证服务人才选拔和引进机制仍不完善，同时缺乏对现有人才队伍开展的专业化培训和继续教育，导致从事电子认证服务的专业人员严重匮乏。

四、社会公众的认知度和信任度较低

我国电子认证服务在社会上的认知度仍较低。由于电子认证服务自身技术含量较高，而且其技术流程难以形成可视化展示，导致社会公众难以对其安全机制产生直观的认知，这都大大影响了社会公众对其信任度。同时，针对电子认证技术和相关法律法规的宣传较少，个人信息保护的宣传教育力度不足，通过电子认证服务保障自身安全权益的案例也比较少，社会公众还不清楚利用电子认证技术保障权益的方法，尚未形成通过电子认证技术保障网络环境安全可信的社会共识。

[illegible]

三、电子认证服务专业人员严重匮乏

[illegible]

四、社会公众的认知度和信任度较低

[illegible]

企 业 篇

第十二章　北京启明星辰信息技术股份有限公司

第一节　基本情况

北京启明星辰信息技术股份有限公司（以下简称“启明星辰”）成立于1996年，是一家综合网络安全服务提供商，业务范围包括网络安全产品、可信安全管理平台、安全服务与解决方案等，于2010年6月在深圳证券交易所中小企业板上市。

启明星辰已经在全国建立了三十多家分支机构，初步形成了覆盖全国的销售和服务网络，2013年实现营业收入9.48亿元，净利润1.22亿元；2014年上半年实现营业收入3.28亿元，净利润–3866万元。

第二节　发展策略

一、注重打造技术创新能力

启明星辰十分重视技术和产品研发，建立了研发中心、积极防御实验室（ADLab）、网络安全博士后工作站，并组建了高水平的技术团队、安全咨询专家团（VF专家团）、安全系统集成团队等。而且，启明星辰还建立了国家级网络安全研究基地，参与近百项国家科研项目，参加了众多国家及行业网络安全标准的制订，多项成果填补了我国网络安全领域的空白。

二、积极开展并购与合作

启明星辰积极与其他组织进行合作，并通过一系列的并购和参股进入多个技术产品领域和市场。一是与以色列施拉特、中关村科技创业金融服务集团、中关村科技园区海淀园创业服务中心、中关村软件园、广联达、软通动力等合伙设立北京中关村软件园中以创新发展投资中心；二是投资参股联信摩贝，为政府、企业提供全方位的移动安全产品与服务；三是投资 SK Spruce Holding Limited，进入 WiFi、3G/4G 网络安全以及企业级移动互联安全市场；四是收购四川赛贝卡，加强在数据库审计、运维审计和 4A 等细分领域中的技术优势和市场优势；五是成立上海天阗投资有限公司，利用上海自贸区的优惠政策优势，拓展国际业务；六是与日本 Canon IT Solutions 株式会社签订代理协议，进入日本市场。

三、不断完善产品体系

启明星辰结合当前网络安全发展的新需求，不断推出新产品，完善产品体系。一是针对公安系统推出了天玥网络安全审计系统，提供对应用系统和资源库的日志采集；二是推出云安全管理平台解决方案，在结合 SOC 智能安全管理、软件定义安全、虚拟化安全、安全服务化、大数据安全等安全技术的基础上，面向用户需求，提供集可见、可控、可靠和可信为一体的云安全解决方案；三是发布了国内首个网关级 APT 防御解决方案——私有云防护，通过一套应对已知 / 未知恶意代码攻击、0day/1day 漏洞等攻击的鉴别系统，并与若干网关设备联动，实现网关级安全防御。四是针对工业控制系统面临的风险，专门研发了工业控制系统安全隔离网闸、工业控制系统防火墙、无线入侵防御系统、工控终端安全管理系统等产品，并提出工业控制系统安全整体解决方案。

第三节　竞争优势

一、具有较高的市场占有率

启明星辰的安全产品在政府、军队，以及电信、金融、能源、交通、军工、制造等领域有着广泛应用，具有较高的市场占有率。据启明星辰 2014 年半年报披露，在政府和军队部门，公司产品的市场占有率约为 80%；在金融领域，公司为约 90% 的政策性银行、国有控股商业银行、全国性股份制商业银行提供产品和服务。目前，世界五百强中的中国企业约有 60% 是启明星辰的客户。启明星辰在防火墙（FW）、统一威胁管理（UTM）、入侵检测与防御（IDS/IPS）、安全管理平台（SOC）市场占有率保持第一，同时在安全性审计、安全专业服务方面保持市场领先地位。

二、形成了较完善的产品线

经过多年发展，启明星辰已经形成了较为完善的产品线，在防火墙/UTM、入侵检测管理、网络审计、终端管理、加密认证等领域有百余个产品型号，并在Web应用防火墙、漏洞扫描、互联网行为管控、终端安全、数据防泄密、无线安全引擎、应用交付、网闸等方面形成了多个产品类型。

三、具有较强的技术实力

启明星辰在系统漏洞挖掘与分析、恶意代码检测与对抗等上百项安全产品、管理与服务技术方面形成拥有完全自主知识产权的核心技术积累。凭借强大的技术实力，启明星辰被有关部门认定为企业级技术中心，并被评为国家火炬计划软件产业优秀企业、国家规划布局内重点软件企业、中国电子政务IT100强。2014年，启明星辰成为了“网络安全应急技术国家工程实验室”理事单位，荣获了“CNVD2013年漏洞信息报送突出贡献单位”称号，并获得了应用安全联盟颁发的会员证书。

第十三章　奇虎360科技有限公司

第一节　基本情况

奇虎360科技有限公司（以下简称“奇虎360”）创立于2005年9月，是中国领先的互联网公司，主要业务涵盖个人与企业安全领域，奇虎360旗下有奇虎网、360安全卫士、360杀毒、360浏览器、360手机助手、360搜索等多项业务。

奇虎360先后获得过鼎晖创投、红杉资本、高原资本、红点投资、Matrix、IDG等风险投资商的联合投资，于2011年3月在纽约证券交易所挂牌上市。奇虎360 2014年第三季度营收为3.764亿美元，比去年同期的1.879亿美元增长100.3%，比上一季度的3.179亿美元增长18.4%，净利润为5770万美元，比去年同期的4450万美元增长29.7%。

第二节　发展策略

一、聚焦网络安全，重构发展战略

奇虎360的核心竞争力在于安全，尤其是在大数据时代，安全作为大数据的基础保障，重要性愈发凸显。2014年，在国内互联网金融等新业务形态快速发展的情况下，奇虎360将公司的战略重点重新聚焦于安全领域，董事长周鸿祎多次表示奇虎360要基于安全拓展业务，让安全的概念渗透和植入到各终端和业务上，如在PC安全、手机安全、个人安全、企业安全等领域开展开发金融安全助手、电商安全助手、移动通信隐私安全助手等产品。

二、不断推出新产品，完善产品布局

奇虎360结合国内用户的安全需求，在软件和硬件方面都不断推出新产品，

完善布局。

在硬件方面，奇虎360一是推出了360随身WiFi，累计销量已经突破了2000万，开创了随身WiFi这样一个全新的品类；二是推出了360安全路由器，支持防盗号欺诈、防蹭网入侵、DNS防劫持、恶意网站拦截、心血漏洞防护等功能，内置的安全系统可以对恶意网址库等进行实时更新，支持防暴力破解，同时对OpenSSL心血漏洞进行了专门的防护；三是推出360儿童卫士智能手表，具有实时定位、安全预警、单向通话等功能，可通过智能手机发送指令实时了解小孩所处的位置，收听小孩周围的声音，了解当前所处的环境；四是推出360家庭卫士，通过摄像头的实时监控可使用手机远程查看、并能侦测物体移动，通过内置的麦克风和扬声器可以随时随地和家人双向语音通话。

在软件方面，奇虎360一是推出了360手机杀毒APP，具备伪装地理位置、手机型号、运营商名称等功能，让试图窃取用户位置的木马和应用"一头雾水"，并可以对手机应用的通知栏消息进行统一管理，对反复弹出广告的APP设置禁止弹出；二是推出新版360手机浏览器，在安全保护、加载速度、内容聚合、界面体验等方面升级，可进行全面的安全扫描检测，并根据360最全的恶意网址库数据进行危险等级评估和预警，在用户购物受骗的情况，可享受奇虎360网购先赔服务；三是针对微软XP系统停服事件，推出"XP盾甲"，通过内核加固引擎，提升了对漏洞攻击的防护能力，为中国XP用户提供持续安全防护。

三、广泛开展合作，谋划发展战略布局

奇虎360不断加强与各类机构的战略合作，谋划安全业务发展布局。一是与酷派合作加快终端布局。奇虎360与酷派达成合资协议，认购Coolpad E-Commerce公司经扩大已发行股本的45%，该合资公司将以互联网为主要分销渠道，销售手机终端产品，酷派集团将向该公司注入知识产权、业务合约及员工等资产，奇虎360将利用自身在互联网安全软件、移动应用程序设计及网上营销推广等方面的优势资源，帮助企业发展。二是与中国银联加强支付安全合作。2014年9月，奇虎360与中国银联签订安全战略合作协议，双方将整合在安全产品、服务、信息等方面合作，共同研发移动安全支付模块，推广客户终端安全保障计划等，为移动支付客户提供安全保障。三是投资创业公司进入新技术领域。例如奇虎360与富国银行等投资旧金山生物验证技术公司EyeVerify，该公司专门开发专利生

物识别技术，并将开发金融服务、移动安全领域、健康医疗等领域业务。四是与久邦数码合作拓展国际市场。2014 年 4 月，奇虎 360 与久邦数码达成战略合作协议，将借助久邦数码的安卓移动分发平台，向主要海外市场推广安全产品和其他工具类应用。

第三节　竞争优势

一、用户众多，黏性较高

奇虎 360 通过提供优质、全面、免费的安全服务，获得了大量黏性较高的用户。据奇虎 360 公司 2014 年第三季度财报披露，2014 年 9 月，基于 PC 的产品和服务的月度活跃用户总人数为 4.95 亿人，较 2013 年同期增加 3000 万人；产品的用户渗透率为 94%，与 2013 年同期持平；主要移动安全产品的智能手机用户总数达 6.73 亿人，较 2013 年同期增加 2.65 亿人，创下历史最高记录；安全浏览器的月度活跃用户人数为 3.57 亿人，较 2013 年同期增加 1500 万人；安全浏览器的用户渗透率为 68%，较 2013 年同期下降 1%。2014 年第三季度，奇虎 360 个人启动页及其子页面的日均独立用户访问量为 1.29 亿人次，较 2013 年同期增加 300 万人次；个人启动页及其子页面的日均点击量约为 7.23 亿次，较 2013 年同期增加 4200 万次。

二、产品丰富，技术先进

奇虎 360 产品种类众多，包括 360 安全卫士、360 杀毒、360 安全浏览器、360 安全桌面、360 手机卫士等系列产品，并针对新的安全技术发展趋势和用户需求，不断开发新产品和服务，逐渐形成了针对个人和企业的上网的立体防护体系。

奇虎 360 是中国最大的互联网安全公司之一，汇集了一大批高水平的技术人员，形成国内规模领先安全技术团队，不仅开发了技术先进、操作简单、防护全面的安全产品，还协助其他企业修复产品漏洞，截至 2014 年 7 月，奇虎 360 已 41 次协助微软修复漏洞而获得致谢，近年来全世界共有四大“白帽子军团”对微软补漏洞贡献最为突出，包括 Google、惠普 ZDI 漏洞平台、Palo Alto Networks（美国防火墙厂商）和 360 安全中心，奇虎 360 是唯一入选的中国企业。

第十四章　成都卫士通信息产业股份有限公司

第一节　基本情况

成都卫士通信息产业股份有限公司（以下简称“卫士通”）成立于1998年3月12日，由中国电子科技集团公司第三十研究所、西南通信研究所、成都西通开发公司及罗天文等1418名自然人共同出资发起设立，并于2008年8月11日在深圳证券交易所上市。

目前，卫士通已开发形成包括专业密码产品、网络安全产品以及安全信息产品在内的三大类产品体系，覆盖近二十个产品族类、一百余个产品/系统。卫士通2013年实现营业收入7.7亿元，净利润7365万元；2014年实现营业收入12.4亿元，净利润1.2亿元。

第二节　发展策略

一、加强技术创新，丰富技术、产品和服务

卫士通依托在网络安全领域的传统优势和长期技术积累，不断加强技术创新。

一是面向国计民生领域，加大研发投入。2014年，卫士通研发支持为1.2亿元，占营业收入比例为10%，重点在VPN系列产品、新型电力纵向加密认证装置系统、电力安全防护系统、基于国产操作系统防护系列产品、电子政务应用安全支撑平台、金融系列密码机国产算法、安全电子邮件系统、2.4GHz射频安全SoC芯片等方面进行投入。

二是加强与相关行业知名厂商的研发合作，开发新产品。2014年，卫士通

与中国移动通信有限公司研究院合作，联合研制了智能安全手机及后台密钥管理系统，并已通过商用密码产品技术鉴定评审，获得商用密码产品型号；与华为、中兴、中移动研究院、电力研究院等信息产业知名厂商和科研院所的战略合作，完善了自主高安全网络传输设备、电力配网综合安全防护设备、高安全移动智能终端等的安全信息解决方案。

三是与国内知名院校和科研机构建立长期合作关系，培养凝聚人才。卫士通通过采用外引内联等方式，一方面持续引进高端技术人才，另一方面积极进行内部人才培养，并营造良好的工作环境和氛围，增强企业吸引力和凝聚力，逐步建立起一支高素质、专业化的核心人才队伍。

二、加快资产重组，构建“大安全”产业链

卫士通通过集团内部的资产重组，逐步实现网络安全技术和产品的全覆盖。2014 年，卫士通通过定增收购了三零嘉微、三零盛安、三零瑞通，围绕网络安全、终端安全、数据安全、应用安全、内容安全和管理安全，打造从密码算法、芯片、板卡、设备、平台、系统到方案、集成、服务的完整产业链，初步形成了技术先进、功能完善、种类丰富的产品线，公司产值规模也由 2013 年的 4.58 亿跃升至 2014 年的 12.36 亿，增幅高达 170%。

三、深耕传统领域，大力开拓新市场、新业务

卫士通针对国内网络安全需求发展，在巩固传统市场和产品优势地位的同时，依靠新产品和业务开发，不断拓展新市场。一方面，卫士通在党政、能源、金融等与国计民生息息相关的重点领域，加强对电子政务内外网、能源网络安全、金融网络安全、分级保护等优势行业市场的深耕，通过提升网络安全整体解决方案和服务能力、丰富主流网络安全产品线、完善营销和服务体系，进一步扩大了在传统市场占有率。另一方面，卫士通依托新型自主高性能密码设备系列产品、新型自主网络安全与应用安全系统产品、基于自主安全桌面云的信息系统建设和应用方案以及公共安全产品和解决方案等四大系列共十余款的新型产品和解决方案，不断拓展移动互联网安全、云计算安全及工业控制安全等新业务领域，并在安全网络虚拟化平台、基于 GPU 的高速密码运算技术、密码服务虚拟化技术、大数据智能化分析及可视化技术、安全与网络一体化平台等方面实现快速突破，为新市场开发拓展奠定基础。

四、注重品牌宣传，提升品牌影响力

卫士通十分重视品牌形象塑造。2014年，卫士通一方面通过与赛迪集团、《中国信息安全》等业界具有广泛号召力的传媒单位的战略合作，加强品牌宣传，另一方面积极参与网络安全领域重大行业活动，参加了由中央网络安全和信息化领导小组办公室、中央机构编制委员会办公室、教育部、科技部、工业和信息化部、公安部、中国人民银行、新闻出版广电总局等部门联合主办的首届国家网络安全宣传周，进一步提升了公司知名度和品牌影响力。目前，“卫士通”品牌在中国网络安全产业领域，特别是在密码、分/等级保护等细分市场领域，已经具备了较强的市场影响力。

第三节　竞争优势

一、具有较强的技术创新能力

卫士通以密码技术作为技术创新重点，在密码产品多样性和密码算法高性能实现方面一直保持国内领先水平，并以此为基础不断推陈出新，承担了大量国家/省部级项目的重大技术攻关及产业化工作，并牵头组织、参与网络安全重大热点领域的国家/地方/行业标准和规范制定，多项产品经国家主管部门鉴定认证，达到国内首创、国际先进的水平。卫士通在网络安全产业界率先推出安全桌面云系统、安全存储系统等新型产品，依托自身多年来形成的科技产业化平台快速推向市场并得到市场认可。目前，卫士通已申报相关专利150余项。

二、形成了较完备的产业链条和营销服务体系

目前，卫士通已打造出包括芯片、模块、板卡、整机、系统、方案等诸多环节在内的完备的产业链条，并具备提供网络安全整体解决方案的能力、信息系统全生命周期安全集成与服务能力。

卫士通已经建立起行业和区域相结合、覆盖全国的矩阵式营销服务体系，通过在北京成立营销总部，集中加强行业营销的顶层策划，通过在成都成立运营中心，打造一条龙的企业运营管理体系，大幅提升内部效率与企业资源利用率，从而能为全国各地、各行业用户及时提供其所需的网络安全整体解决方案和信息系统全生命周期安全服务。

三、具备良好的客户资源和较高的品牌认知度

卫士通客户主要包括政府、军队，以及军工、电力、金融、能源、电信等行业中的大中型企业。长期以来，卫士通通过高质量产品和高效率服务赢得客户信任，积累了大量高端、优质客户资源，为卫士通的发展奠定了坚实的基础。

通过在网络安全领域十多年的耕耘与积淀，卫士通作为商密资质齐全、主流网络安全产品线完整、安全集成建设成功案例影响力较大的国有控股上市公司，塑造了良好的企业形象。而且，卫士通高度重视品牌战略，打造了“一 Key 通”、“中华卫士”等细分产品品牌，建立了较为完善的品牌体系，在行业和用户中拥有良好口碑，具有较高的品牌认知度。

第十五章　北京神州绿盟信息安全科技股份有限公司

第一节　基本情况

北京神州绿盟信息安全科技股份有限公司（以下简称“绿盟科技”）成立于2000年4月25日，主要从事网络安全产品的研发、生产、销售及提供专业安全服务。绿盟科技于2014年在创业板上市，募集资金扣除发行费后净额为3.5亿元。2013年绿盟科技，营业收入6.2亿元，营业利润5466万元，2014年上半年营业收入2亿元，归属于上市公司普通股股东的净利润–861万元。

绿盟科技形成了网络入侵检测/防御系统、绿盟抗拒绝服务系统、绿盟远程安全评估系统等网络安全产品及服务体系，已在广州、上海、成都、沈阳、西安、武汉、北京设立了7家分公司，并成立了北京神州绿盟信息技术有限公司、NSFOCUS日本株式会社、NSFOCUS Incorporated、绿盟科技（香港）有限公司4家子公司和北京神州绿盟科技有限公司1家孙公司。

第二节　发展策略

一、以研发为根基

绿盟科技以研发核心技术作为其长期发展战略的根基，长期专注于漏洞分析和挖掘、网络攻防手法收集和研究、Web信誉库的建立、抗拒绝攻击的算法研究等工作。2013年，研发投入占营业收入比例为19.4%。此外，绿盟科技还设立了研究院、北京研发中心、西安研发中心、成都研发中心、武汉研发中心。2013年底至2014年中，绿盟科技取得了11项发明专利权证书、6项计算机软件著作权证书，并不断升级原有产品以匹配最新防护要求。

二、不断开发新产品

绿盟科技积极布局下一代安全防护，针对国内新兴网络安全问题，不断推出新产品。2014 年，绿盟科技针对日益泛滥的 APT 等新型威胁，推出了绿盟威胁分析系统，采用创新的引擎技术，在不依赖已知攻击特征的情况下，检测各种已知、未知的漏洞攻击及恶意软件，具有不受各种高级检测逃避技术影响的特点，为用户提供及时、准确、详尽的安全事件监控能力；针对日益严重的工业控制系统网络安全问题，推出绿盟工控漏洞扫描系统，作为国内首款工控漏洞扫描系统，具有为客户提供工业控制系统已知漏洞扫描、发现、评估的能力，可以快速、准确地发现工业控制系统安全漏洞，协助客户完成工业控制系统上线前安全检查、日常安全运维等工作。

三、大力整合产业资源

绿盟科技通过收购、参股等多种方式，不断整合产业资源：一是并购亿赛通切入内容加密领域；二是控股敏讯科技，布局反垃圾邮件领域；三是参股 Deepin 进入操作系统领域；四是参股安华金和携手开拓数据库安全市场；五是投资剑鱼科技，实现移动端产品布局。通过一系列的整合举措，绿盟科技丰富了在数据泄露防护、网络内容安全管理、反垃圾邮件、数据库安全、移动端安全等领域内的产品线，并加强了与北京世界星辉科技有限责任公司等企业的战略合作。

四、积极拓展海内外市场

绿盟科技积极拓展海内外市场，一方面加大国内销售渠道建设，2014 年上半年，绿盟科技签约 32 家区域总代理；另一方面完成了香港全资子公司的注册，利用香港子公司的政策优势，拓展欧洲、东南亚等地市场。通过市场拓展，不断改善由大客户销售带来的收入不均衡问题，2014 年上半年，绿盟科技新签合同销售额与去年同期相比增加 60% 以上。

第三节　竞争优势

一、具有较强的技术实力

绿盟科技具有较强的技术优势，多次获得 Frost & Stablelivani 颁发的奖项，公司产品也多次获得国际权威认证，例如绿盟科技远程安全评估系统“极光”于2008年3月获得英国西海岸实验室（West Coast Labs）的Checkmark权威认证，成为亚太地区首个通过国际权威机构的认证的远程安全评估产品，当时全球获得该认证的只有包括公司在内的IBM、McAfee等六家企业；绿盟科技入侵防御系统通过NSS Labs测试并获得最高级别的推荐认证。

凭借较强的创新能力，绿盟科技于2008年12月24日被北京市科委、北京市财政局、北京市国家税务局和北京市地方税务局共同认定为高新技术企业，并于2011年复审合格；于2010年12月31日被国家发改委、工信部、商务部、国家税务总局联合认定为2010年度国家规划布局内重点软件企业；于2013年3月被国家发改委、工信部、财政部、商务部、国家税务总局联合认定为2011—2012年度国家规划布局内重点软件企业。

根据2013年IDC出具的研究报告*China IT Security Software, Appliance and Services 2013-2017 Forecast and Analysis The Big Picture*，在安全软件厂商的竞争力展望中，公司的技术能力位居首位。

二、细分领域具有较高市场占有率

绿盟科技在网络安全领域部分细分市场具有较高占有率。据绿盟科技公司报告显示，绿盟科技在入侵防御硬件市场、抗拒绝服务安全市场、Web及应用防护系统市场以及漏洞扫描产品市场的份额行业第一，在入侵检测硬件市场和内容安全管理硬件市场市占率行业第二和第四。

在通用产品的基础上，绿盟科技结合电信运营商、金融、政府、能源等不同行业的特征，推出了异常流量清洗、电信运营商行业安全基线、网上交易安全客户端插件、安全攻防演练平台等行业特色的方案和产品。

三、形成了一批优质客户资源

绿盟科技依靠领先的技术、过硬的产品、优质便捷的服务，形成了优质的客户资源。在政府方面，主要有全国人大信息中心、财政部、组织部、人力资源社会保障部、国土资源部、教育部、科学技术部、环境保护部、商务部、公安部等部门；在电信领域，主要有中国移动集团及31家省公司、中国电信集团及28家省公司、中国联通集团及21家省公司等企业；在金融领域，主要有中国人民银行、中国银行、中国农业银行、中国工商银行、中国建设银行、交通银行、华夏银行、招商银行、中国人保、中国平安、中信证券、银河证券、中国证券登记结算中心等机构，优质客户群体为绿盟科技提供了良好的信誉保障。

四、具有较高的声誉和知名度

绿盟科技通过多年的经营，在行业内和用户群体中形成了较高声誉和口碑。绿盟科技在中国计算机报社、中国计算机学会计算机安全专业委员会的评选中，多次被评为“值得信赖的安全服务品牌”。而且，绿盟科技还参与了北京奥运会、国庆六十周年、上海世博会、广州亚运会等重大活动的网络安全保障工作，体现了政府部门对公司安全保障能力的认可。

第十六章　北京北信源软件股份有限公司

第一节　基本情况

北京北信源软件股份有限公司（以下简称“北信源”）创立于1996年，是中国第一批自主品牌的网络安全产品及整体解决方案供应商。北信源于2012年9月12日在深圳证券交易所创业板上市，2013年营业收入为2.3亿元，营业利润为4928万元，2014年上半年营业收入为8689万元，归属上市公司普通股股东的净利润1064万元。

北信源专注于内网安全，主要产品用于网络内部安全管控，包括网络安全行业中的终端安全管理产品、数据安全管理产品和安全管理平台产品。

第二节　发展策略

一、不断加强创新能力建设

北信源十分重视技术创新能力建设，围绕主营业务范围，不断巩固和加强研发能力。北信源2013年研发支出共计3786万元，同比增长72.51%，占营业收入比例为16.59%；2014年上半年研发投入为2366万元，同比增长41.23%。2014年，北信源大力推进终端安全管理整体解决方案升级项目、数据安全管理整体解决方案研发项目、企业级云安全管理平台项目等研发工作，并在北京、南京研发中心外，陆续建立起西安和武汉两个研发中心，为产品研发打下坚实基础。2014年上半年，北信源新增发明专利1项，新增软件著作权4项。

二、积极完善产品布局

北信源一方面快速推出新产品，针对2014年微软全面停止XP服务，北信源于2013年推出“金甲防线”，以数据防护和系统防护为核心，通过数据防护、数据防火墙、系统堡垒、主动防御、系统安全基线、补丁支撑体系等多道防线，为个人和企业用户提供安全保障。该产品是唯一经过政府相关部门认证的微软XP系统服务产品，在微软停服后，“金甲防线”的下载量陡增。另一方面通过增资布局新领域，北信源通过增资恒易传奇公司布局云计算虚拟化，增强终端管理方面的技术储备，丰富公司产品功能；通过增资上海无寻公司布局移动智能终端安全。

三、加强人才队伍建设

北信源着力加强人才引进和培养，一方面积极吸引全国各地高科技人才，为后续产品的研发及各类项目的实施储备优秀人才；另一方面大力开展培训工作，通过各项岗位培训、技能培训、管理知识培训、质量管理培训等专题培训，不断提升员工的专业能力及综合素质，提高公司的整体管理水平和效率。

北信源为鼓励技术人员创新，稳定人才队伍，通过向核心技术人员转让股权、建立完善良好的企业文化和有竞争性的薪酬奖励机制等措施提升内部凝聚力，吸引和稳定核心技术人员。

四、大力开拓海内外市场

北信源积极开拓国内市场，通过增资上海无寻公司从传统企业级安全市场跨入家庭安全领域。上海无寻公司结合线上APP软件、线下智能手机、北斗卫星设备、可穿戴设备等各类移动终端，向消费者提供精准的即时通讯、定位服务、即时音频及位置告警等服务，其产品听风平安卫士已经占据了较大市场份额。

北信源通过设立马来西亚子公司开拓海外市场。针对海外市场，北信源推出英文版“金甲防线”，并将以收取授权费的方式由马来西亚子公司进行推广。

第三节　竞争优势

一、终端安全领域技术优势明显

近二十年来，北信源致力终端安全领域技术研究与开发，曾革命性推出首款终端安全管理产品。北信源拥有自主知识产权的网络安全软件产品曾先后荣获“国家科学技术进步二等奖”、“公安部科学技术二等奖”和“北京市自主创新产品”等一系列奖项和荣誉。北信源于2008年，被北京市科学技术委员会、北京市财政局、北京市国家税务局、北京市地方税务局认定为高新技术企业，并于2011年通过复审。

二、终端安全领域具有较高市场占有率

北信源作为国内领先的终端安全管理产品供应商，是国内唯一可部署万级终端网络的终端安全产品。北信源基于终端安全管理产品掌握的核心技术持续开发出数据安全管理产品、安全管理平台等新产品，形成了完善的补丁支撑体系，能够快速识别操作系统潜在漏洞，全网即时下发补丁，降低了由于系统漏洞给用户带来的遭受恶意攻击和数据泄密的风险。

随着北信源产品品种不断丰富，应用领域有效拓展，用户黏性也在逐渐增强，据中国电子信息产业研究院统计数据，北信源产品在中国终端安全管理市场占有率连续八年保持第一，产品覆盖政府和军队部门，以及金融、军工、通信、能源、交通、水利、教育等重要行业，连续多年入围中央政府采购项目，已经成功部署数千万终端。

三、具有良好的声誉和品牌影响力

北信源依靠较为完整的终端安全管理产品线、紧贴国内用户需求的产品功能及较好的产品性能，树立了良好的声誉和品牌影响力，曾获得2009内网安全突出贡献奖、2011年中国值得CSO信赖的信息安全企业奖、2012年度中国信息安全最具影响力企业奖等多项荣誉。

北信源在国家级和世界级重大会议中发挥了重要保障作用。自2001年以来历届全国人大会议和2003年以来历届全国政协会议，均由北信源提供现场信息安保服务。同时，北信源还为2008年北京夏季奥林匹克运动会、2010年上海世界博览会、2010年广州亚洲运动会、2011年深圳世界大学生运动会、2014年上海亚洲相互协作与信任措施会议等大型会议、活动提供了网络安全产品和安保服务。

第十七章　蓝盾信息安全技术股份有限公司

第一节　基本情况

蓝盾信息安全技术股份有限公司（以下简称“蓝盾股份”），原名广东天海威数码技术有限公司，成立于1999年10月29日。蓝盾股份于2012年3月15日在深圳证券交易所创业板成功上市，2013年营业收入约为4亿元，营业利润为1145万元，2014年营业收入为5.2亿元，归属上市公司普通股股东的净利润3218万元。

蓝盾股份专注于企业级网络安全领域，已经构建了以网络安全产品为基础、覆盖网络安全集成和网络安全服务的完整业务体系，并进入安全运营领域。

第二节　发展策略

一、积极开展技术研发

蓝盾股份十分重视技术研发工作，2013年度研发支出总额为8172万元，较去年同期增长131.55%，占营业收入20.67%；2014年上半年研发支出总额为3719万元，占营业收入比例约为18.5%。

2014年，蓝盾股份大力开展网络安全研发项目，一是稳步推进“互联网舆情分析平台项目”；二是对CloudFence云防线进行了技术优化，并针对南京等地形成了典型应用，增加服务器部署；三是推动国家信息安全专项产品大数据安全综合管理平台通过了国家专项测试，关键安全策略支持结构化与非结构化数据的管理，并获得了国家信息安全测评中心颁发的信息安全产品EAL3等级认证；四是开发了虚拟系统保护机制，填补了国内在虚拟化专业安全系统领域的空白，并继续探索安全产品的虚拟化方案；五是加强了移动互联网安全方面研究，重点针对移动智能终端的隐私数据保护、司法取证、网络支付安全等需求进行技术和产品积累。

随着技术研发的深入开展，蓝盾股份2014年上半年新增软件著作权4项，全资子公司蓝盾技术新增软件著作权52项。截至2014年6月30日，蓝盾股份拥有专利13项，软件著作权114项；蓝盾技术拥有专利1项，软件著作权107项。

二、不断优化公司治理

围绕网络时代的新需求、新方向，蓝盾股份不断优化公司治理，一是完善公司战略管理，在探讨和梳理战略发展方向基础上，确立母公司作为战略管理核心并提供技术支持，明晰各子公司的业务定位；二是规范人力资源管理体系，优化团队结构，加强员工综合素质及专业技能的培养，明确了激励及淘汰机制；三是加强投资者合法权益保护，据最新监管要求，制定或修订了《投资者投诉管理制度》、《现金分红管理制度》、《股东大会网络投票实施细则》等一系列制度。

三、加强营销体系建设

蓝盾股份根据全国各区域的网络安全需求及业务的实际开展情况，对部分分支机构进行了调整、合并，优化了资源配置，在全国各地及各行业大力进行市场拓展，不断深化行业品牌推广，在重点行业推广新产品和方案。蓝盾股份在各级、各类政府部门进行了重点拓展，2014年上半年实现营业收入9959万元，与去年同期相比增长了39.89%，占主营业务比重的49.65%；在制造、贸易、教育、电信、医疗、金融等行业，不仅提供传统的解决方案，而且加强了网络安全服务体系的构建。

四、大力开展投资、并购

根据业务拓展需求，蓝盾股份对全资子公司蓝盾技术进行了增资，提升其项目竞标能力，并紧跟移动互联网的发展大潮，以自有资金1000万元投资设立了子公司蓝盾移动，为拓展移动互联网应用及其安全等相关业务奠定基础。同时，蓝盾股份积极参股北京纹歌科技发展有限公司，进入司法取证、手机取证等领域；收购华炜科技进军电子安防行业。蓝盾股份通过对技术、产品、渠道具有互补性企业的参股及收购，产品类型不断丰富，网络安全领域产业链不断延伸。

第三节　竞争优势

一、具有较为完备的资质和丰富的解决方案

蓝盾股份凭借完善的产品线及丰富的案例经验，成为业内资质最齐全的厂商之一，拥有涉密信息系统集成产品检测证书、军用信息安全产品认证证书、中国信息安全认证中心产品认证证书、信息安全应急处理服务资质、信息安全风险评估服务资质等网络安全产品、集成以及服务在内的几乎所有类别资质。相比一般的网络安全公司而言，蓝盾股份拥有系统集成一级资质、涉密计算机信息系统集成乙级证书等较高级别的集成资质，基本获得了包括信息安全产品、信息安全集成及信息安全服务在内的所有业务类别的较高级别资质。

蓝盾股份根据客户需求，逐渐从提供安全产品向提供一站式解决方案发展，随着技术实力和产品性能的提升，蓝盾股份提供网络安全整体解决方案的能力不断增强，已为政府、教育、金融、电力、医疗等十多个行业客户提供了网络安全整体解决方案，积累了丰富的案例经验。

二、构建了“数据安全+物理防护”的产品体系

蓝盾股份拥有业内较为齐全的产品线，涵盖了边界安全、安全审计、安全管理、应用安全、终端安全等全面的产品类别，蓝盾防火墙、UTM、IDS、IPS、SOC、安全管理审计等六类产品均获得了IPv6金牌认证，成为国内网络安全产品通过IPv6金牌认证最多的厂商之一，防火墙、入侵检测等产品获得了国际通用标准认证（CC）制定的EAL3级认证。

蓝盾股份通过收购华炜科技，具有了提供电磁安防产品与电磁安防工程全覆盖的整体解决方案的能力。华炜科技在军工及航空航天、轨道交通、通信等市场具有较强优势，在军工领域，华炜科技是我国军用机动及阵地雷达电磁安防的主要供应商之一；在航空航天领域，华炜科技是国内空管领域电磁安防最大的供应商之一；在轨道交通领域，华炜科技是国内铁路通信及信号系统电磁安防的主要供应商之一。

第十八章　厦门市美亚柏科信息股份有限公司

第一节　基本情况

厦门市美亚柏科信息股份有限公司（以下简称“美亚柏科”），成立于1999年9月，于2011年3月16日在深圳证券交易所创业板上市。美亚柏科2013年营业收入为3.9亿元，营业利润为4701万元；2014年营业收入为6亿元，较上年同期增长54.48%，营业利润1.1亿元，较上年同期增长144.01%。

美亚柏科成立以来专注于电子数据取证和网络信息安全的技术研发、产品销售与整体服务，主营业务包括电子数据取证产品、网络信息安全产品和刑事技术产品三大产品体系，以及由此衍生出来的电子数据鉴定服务、数字知识产权保护服务，并依托于“厦门超级计算（云计算）中心”开展的取证云、搜索云、公证云等云服务业务。

第二节　发展策略

一、不断加强技术研发，持续开发新产品

美亚柏科在技术研发上，不断加大投入，2013年度研发投入总额6738万元，较2012年同期增长37.20%，占营业收入比例为17.26%；2014年上半年，研发投入3102万元，占营业收入比例为19.2%。

2014年，美亚柏科针对“电子数据取证产品”、“网络信息安全产品”和“刑事技术产品”三大产品系列，开展电子物证现场重现系统、多光谱分析系统、泄密核查取证产品、手机取证塔等多个新产品的研发和分布式存储系统、视频取证

系统、手机取证系统、可视化数据智能分析系统等十几个产品升级开发，不断提升公司取证云、搜索云、存证云的服务能力。同时，美亚柏科在大数据应用方面，重点研发、推出支持PB级以上的大数据处理分析能力的项目，处理数据量超过千亿条。

通过持续加大研发投入，美亚柏科2014年上半年新增授权专利6项，其中发明专利3项，实用新型专利1项，外观设计专利2件；新提交申请的专利17项，其中发明专利11项，实用新型专利3项，外观设计专利3项。

二、实施“小产品，大服务”战略，拓展行业市场

美亚柏科大力推动“小产品、大服务”战略，围绕硬件产品装备化、软件产品平台化方向不断提升公司的综合竞争力。美亚柏科着力推进存证能力开放平台的建设，并推动存证服务与渠道的对接，针对行业用户也推出了行业定制版本；大力开发电子数据司法鉴定服务及数字知识产权保护服务业务。

依靠先进的产品和完善的服务，美亚柏科不断拓展行业市场，在公安、检察院、工商、税务、海关缉私、新闻宣传、检验检疫等行业中取得显著进展，销售同比取得较大增长。同时，美亚柏科通过整合现有的合作伙伴资源，拓展了业务渠道，获得了较多的市场机会。2014年上半年，美亚柏科服务收入较去年同期增长93.32%。

三、广泛开展合作，完善全方位战略布局

美亚柏科通过广泛合作，快速完善技术研发、产品服务、市场开拓等方面的战略布局。一是与三五互联合作开展存证邮服务；二是与国家质检总局下属的北京陆桥质检科技有限公司成立北京万诚信用评价有限公司，开展食品安全领域的生态原产地认证和提供防伪溯源保护服务；三是与华为公司开展战略合作，美亚柏科在“2014年HCC华为云计算大会”上与华为公司签署了《战略合作协议》，双方将积极响应政企行业对数据中心安全的开发需求和开发方向，在全行业安全服务器系列产品的设计、研发、测试、生产和销售等方面进行广泛交流与合作，并将就电子数据取证产品市场销售进行合作，以共同推动国际电子数据取证行业业务发展。

第三节　竞争优势

一、数据取证领域服务能力突出

美亚柏科在电子数据取证、网络信息安全及相关服务等领域已有深厚的技术积累和较稳定的客户基础，相关业务及能力具有独特性，尤其美亚柏科旗下的福建中证司法鉴定中心是我国四大司法鉴定中心之一，是第一个通过 CNAS 认可的非公电子数据鉴定机构。2014 年 5 月由福建中证司法鉴定中心报批的《电子数据复制设备鉴定实施规范》获得通过，并由司法部司法鉴定管理局正式发布，该规范为用于司法鉴定工作中的电子数据复制设备的功能要求和检验方法提供科学、规范、统一的方法和标准。

美亚柏科主要产品被司法机关和行政执法部门广泛采用，据中银国际通过对政府采购网直采中标统计结果显示，美亚柏科在省级（直辖市）公安系统渗透率为 45%，在检察院系统渗透率约为 15%，工商系统渗透约为 35%。

二、数据取证领域技术优势明显

美亚柏科始终坚持技术创新，在数据取证领域有着深厚的技术积累，截至 2014 年 6 月 30 日，公司共取得授权专利 68 项，其中发明专利 23 项，实用新型专利 31 项，外观设计专利 14 项，共取得软件著作权 137 项。

美亚柏科凭借突出的技术实力，先后被认定为“国家规划布局内重点软件企业”、“国家火炬计划软件产业基地骨干企业”、“国家创新型试点企业”、福建省软件骨干企业、“福建省电子数据取证及鉴定工程技术研究中心”和“厦门市信息安全工程技术研究中心”，并已承担国家发改委高技术产业化专项、国家“十二五”科技支撑计划项目、国家重点产业振兴和技术改造、国家科技部中小企业创新基金项目、国家火炬计划项目、国家重点新产品计划项目、公安部科技计划项目、“金盾工程”建设项目以及省市级科技计划项目共 30 余项。

三、平台体系提升整体竞争力

美亚柏科不断推进平台化战略，实现整体竞争力提升：一是构建了产品和服务平台体系，依托电子数据取证，网络信息安全两大核心业务的先发优势，打造了三大产品、五大服务完整的产品生态平台，美亚柏科通过网络信息安全产品的跨平台架构，形成取证设备和采集设备联合工作能力，提升整体产品和服务竞争力；二是利用平台化组织提升了经营效率，美亚柏科以超算中心作为服务平台，整合研发资源，逐渐实现了研发产品标准化，研发人员增长速度得到收敛，研发费用得到有效控制，并通过平台化服务运营，增强了客户的黏性和市场业务拓展速度，特别是 B2B2C 的新商业模式，渠道拓展更加多样化。

第十九章　任子行网络技术股份有限公司

第一节　基本情况

任子行网络技术股份有限公司（以下简称“任子行”）成立于2000年5月，是中国最早涉足网络信息安全领域的企业之一。任子行于2012年4月25日在深交所创业板挂牌上市，2013年营业收入为2.5亿元，营业利润为12.23万元；2014年营业收入约为3亿元，较上年同期增长21.34%，营业利润为3323万元，较上年同期增长21.34%。

任子行主要致力于网络内容与行为审计和监管产品的研发、生产、销售，并提供安全集成及安全审计相关服务，通过十多年的技术和品牌积累，已形成标准化纯软件产品、软硬件结合产品、平台软件产品三种类型产品，并成为国家信息安全支撑性单位。

第二节　发展策略

一、持续加强技术创新能力建设

任子行公司十分重视技术创新，每年研究投入占营业比重保持在10%以上，2009年到2011年研发费用占同期营业收入的比例分别为16.43%、11.60%、10.25%；2013年，研发费用达3731万元，占全年营业总收入的15.21%，较2012年度研发投入占比增加3.53%。任子行先后在深圳、北京、武汉设立了产品研发中心，不断扩充研发队伍，截至2013年共有研发人员281人，占全体员工总数的43.36%。

二、不断引进高层次专业人才

任子行高度重视人力资源建设，不断引进高层次专业人才，截至2013年12月31日，任子行及其子公司拥有员工648人，其中本科以上学历人员占员工总人数的60.96%，30岁以下的人员占总人数的比例为70.09%。同时，任子行大力加强企业文化建设，改善员工工作环境，加强专业技能培训。通过一系列措施，任子行人才队伍表现出年轻化、专业化、创新化的特点，人员素质不断提升，为公司产品的研发、生产、销售奠定了坚实基础。

第三节　竞争优势

一、细分领域具有一定技术优势

任子行坚持自主创新，在网络内容与行为审计和监管产品领域具有一定的技术和研究成果，同时具有国内领先的网络高性能数据捕获、深度网络报文分析、分布式爬虫、网络代理识别、网页智能分析、终端审计、网络传输阻断、数据压缩索引等多项技术。

任子行依靠技术实力，受到国家863计划、国家发改委信息安全专项、金盾工程等多个国家级专项和计划的支持，承担了信息安全领域30余项课题。任子行还参与了公安部等部门主持的5项国家、行业信息安全技术标准的制订。任子行的研发项目多次被科技部列入火炬计划和重点新产品计划，产品分别荣获教育部科技进步一等奖、北京市科学技术一等奖、广东省科学技术三等奖、深圳市科学技术进步一等奖、深圳市科技创新奖等重大奖项。

二、具有良好的企业声誉和品牌知名度

任子行经过十多年的发展和积累，被评为“国家布局内重点软件企业”、“国家计算机重点实验室”、“国家高技术产业化示范工程单位”、“省级网络安全应急服务支撑单位”;获得“深圳市自主创新行业龙头企业”、“广东省著名商标”、“十八大网络安保红盾专项工作先进单位”等荣誉称号；承接国家级重点工程的安全集成项目。这些荣誉既是对企业能力的认可，同时也帮助企业在行业内树立了良好的声誉。

任子行产品在行业内拥有较高知名度，主要产品和解决方案包括NET110安

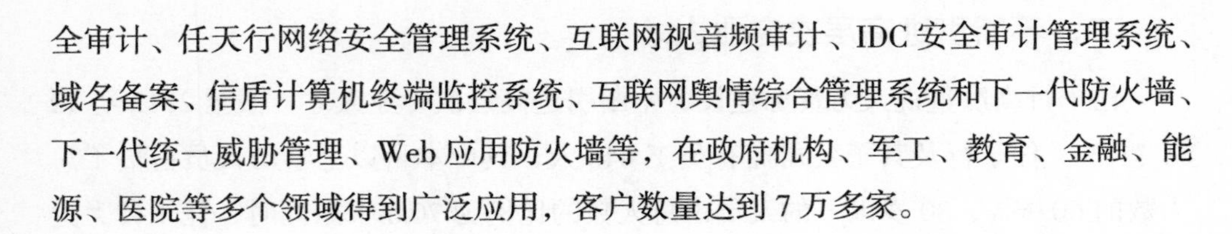

全审计、任天行网络安全管理系统、互联网视音频审计、IDC安全审计管理系统、域名备案、信盾计算机终端监控系统、互联网舆情综合管理系统和下一代防火墙、下一代统一威胁管理、Web应用防火墙等，在政府机构、军工、教育、金融、能源、医院等多个领域得到广泛应用，客户数量达到7万多家。

三、具有较完备的资质和营销服务体系

任子行具有“商用密码产品生产定点单位”、“涉及国家秘密的计算机信息系统集成资质（软件开发）”、“信息安全应急服务资质认证（二级）”、“计算机信息系统集成资质（二级）”、“广东省计算机信息系统安全服务资质（一级）”等资质，能够为党政军及企事业单位提供网络内容与行为审计和监管整体解决方案。

任子行在全国设立7家分公司，拥有超过300家经销商，并在主要大中城市设置了营销网点和技术支持中心，形成了覆盖华中、华南、西南、西北、东北、华东和华北等区域的市场销售和服务体系。此外，任子行还建立了20多个驻外机构。任子行较为完善的营销服务体系提升了用户黏性，成为提高和巩固公司市场竞争力的重要基础。

第二十章　北京数字认证股份有限公司

第一节　基本情况

北京数字认证股份有限公司原北京数字证书认证中心（以下简称“北京CA”）成立于2001年2月，是北京市国有资产经营公司控股的国有企业，是国内领先的网络安全解决方案提供商，下设全资子公司北京安信天行科技有限公司。

北京CA主要提供电子认证服务、电子认证产品及可管理的网络安全服务，开发了数字证书服务、电子签名服务、电子认证基础设施产品、数字身份管理产品、电子签名产品、安全集成服务、安全咨询和安全运维服务等一系列产品和服务。北京CA在2013年的营业收入为2.7亿元，营业利润5007万元。

第二节　发展策略

一、不断加强自主研发能力建设

北京CA一贯高度重视自主研发能力建设，通过人才引进和培养，形成了一支高学历、年轻化的一流技术研发团队，并在电子认证基础设施系统、电子认证中间件、数据电文签名保护、网络系统身份认证、时间戳、移动签名、跨信任域的授权管理等领域进行持续研发，形成了一批关键技术。依靠人才优势和强大的技术能力，北京CA先后推出多种自主研发的网络安全产品，如手机证书中间件、网络实名接入网关、Web信息安全系统等。

二、着力强化电子认证应用创新

北京CA面向电子政务、电子商务、企业业务等领域先后推出了政务通系列

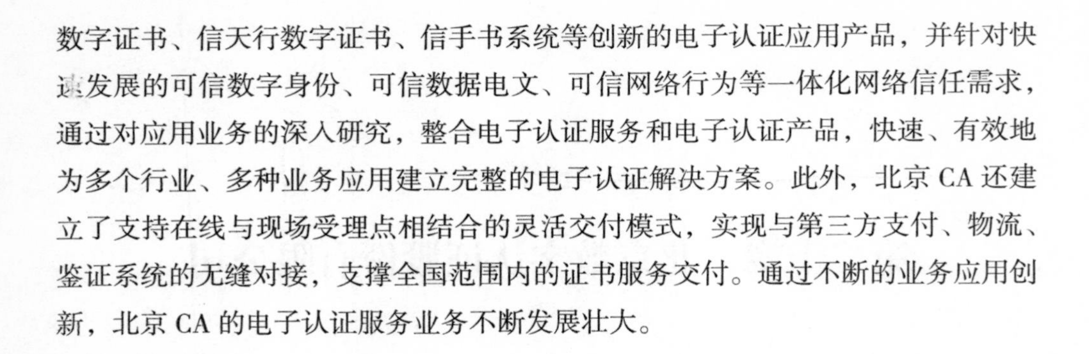

数字证书、信天行数字证书、信手书系统等创新的电子认证应用产品，并针对快速发展的可信数字身份、可信数据电文、可信网络行为等一体化网络信任需求，通过对应用业务的深入研究，整合电子认证服务和电子认证产品，快速、有效地为多个行业、多种业务应用建立完整的电子认证解决方案。此外，北京CA还建立了支持在线与现场受理点相结合的灵活交付模式，实现与第三方支付、物流、鉴证系统的无缝对接，支撑全国范围内的证书服务交付。通过不断的业务应用创新，北京CA的电子认证服务业务不断发展壮大。

第三节　竞争优势

一、电子认证服务领域有较强技术优势

北京CA在电子认证服务领域形成了较强的技术优势。2011年，公司率先完成支持SM2国产密码算法电子认证系统的自主研发和生产运营，成为首个同时具备SM2算法电子认证系统研发与服务运营能力的机构。通过持续技术创新形成了丰富的技术成果。公司开展的“基于国产密码算法电子认证关键技术研究及应用示范”项目获得了国家密码管理局颁发的“科技进步奖二等（省部级）”，“UAMS统一认证管理系统”项目获得了北京市人民政府颁发的“北京市科学技术奖（三等奖）”。目前，北京CA拥有软件著作权55项，电子签名相关发明专利4项，并有1项发明专利申请进入实审阶段。

凭借领先的技术优势，公司主持和参与了多项国家和行业技术标准、规范的编制工作。截至2013年末，公司累计主持和参与了4项国家标准，17项行业技术标准，2项地方标准、4项行业技术规范的编制工作。公司还承担国家发改委国家信息化试点工程、国家发改委信息安全专项、科技部科技支撑计划和863计划等多项电子认证行业的国家课题研究攻关。北京CA被北京市科学技术委员会、北京市财政局、北京市国家税务局、北京市地方税务局认定为高新技术企业。

二、具有较为完善的电子认证服务体系

北京CA以自主研发技术为基础、以用户为中心，建立了较为完善的电子认证服务体系。在基础平台方面，公司建立了数字证书认证系统、电子签名服务系统等基础平台，为电子认证服务、电子认证产品提供可靠的基础技术支撑；在电

子认证服务方面，公司构建了数字证书和电子签名服务体系，不仅能可信规范地提供可信数字身份服务，还在国内率先形成了可靠电子签名服务支撑能力；在电子认证产品方面，公司拥有自主知识产权的产品体系，涵盖了电子认证基础设施、可信数字身份管理、可靠电子签名等主要产品；在可管理的信息安全服务方面，公司率先开展了以用户为核心，可运营、可管理的服务体系建设，推动了行业服务模式的创新，并在安全事件分析技术、渗透技术、Web 安全保护技术等方面形成了较强的竞争优势。

目前，北京 CA 已经成为行业内少数整合电子认证服务和电子认证产品，能够为客户提供“一体化”电子认证解决方案的公司。

三、具有较高的市场占有率和良好的企业声誉

经过十余年的发展，北京 CA 电子认证业务应用领域覆盖政府、金融、医疗卫生、彩票、电信等市场，在电子政务领域，北京 CA 市场占有率位居行业前列，在医疗信息化、网上保险、互联网彩票等新兴应用领域也已建立起市场领先优势。

北京 CA 的产品和服务获得了政府及客户的广泛认可，也为公司带来了众多荣誉，形成了良好的企业声誉。公司相继获得了“奥运政务网络和信息安全优秀服务企业”、“2010 中国 IT 创新企业奖”、“2010 年中国医药卫生信息（金牌服务单位）金鼎奖”、“中关村国家自主创新示范区核心区软件行业创新示范百强企业（2010 年度）”、“2012 亚洲 PKI 联盟创新奖”、“2012 中国信息安全技术突出成就企业”、“2013 年中国信息产业年度影响力企业”、“2013 中国信息产业安全行业年度领军企业奖”等荣誉称号。

专 题 篇

第二十一章　云计算网络安全

第一节　概述

一、相关概念

（一）云计算的概念

云计算是通过互联网提供的一种动态易扩展的虚拟化资源的计算模式。美国国家标准与技术研究院（NIST）将云计算定义为：一种按使用量付费的模式，这种模式提供可用的、便捷的、按需的网络访问，进入可配置的计算资源共享池（资源包括网络、服务器、存储、应用软件、服务），这些资源能够被快速提供，只需投入很少的管理工作，或与服务供应商进行很少的交互。云是网络、互联网的一种比喻说法。过去往往用云来表示电信网，后来也用来表示互联网和底层基础设施的抽象。

狭义云计算是指信息技术基础设施的交付和使用模式，指通过网络以按需、易扩展的方式获得所需资源；广义云计算是指服务的交付和使用模式，即通过网络以按需、易扩展的方式获得所需服务。这种服务可以是IT和软件、互联网相关，也可是其他服务。它意味着计算能力也可作为一种商品通过互联网进行流通。

从服务模式看，按照其提供的资源所在的层次的不同，云计算可以分为三种典型的服务模式：基础设施即服务（IaaS），平台即服务（PaaS）和软件即服务（SaaS）等。

从部署模式看，云计算根据其提供服务的对象的不同，主要有三种部署模式：公有云，由独立的第三方建设并运行，由若干企业和用户共享使用的云环境。私有云，应用方独立建设云基础设施，独自使用云服务，并可以自主控制在云上部署各种应用的方式；混合云，是一种将公有云与私有云结合在一起的云环境；可见，云计算是一个复杂的体系，不仅是一系列信息技术的融合，还包含多种服务模式和应用部署模式。

（二）云计算安全

人们常把云计算比喻成电网的供电服务或自来水的供水服务，《哈佛商业评论》执行主编 Nick Carr 在 *The Big Switch* 发表观点认为，云计算对技术产生的作用与电力网络对电力应用类似。然而云计算作为一种新兴技术，在大量用户参与的同时，不可避免地存在各方面的网络安全风险。

狭义上来讲，云计算的安全可以分为三个方面：第一是云计算服务提供商本身的安全性，即云计算提供商的网络及服务器等是否安全，能否保证云计算用户的账户不被盗用；云计算服务商的存储是否安全，能否保障所存储数据的安全性。第二是客户使用云计算服务时应注意的安全问题，应注意平衡云计算的便利性和数据安全性之间的关系，比较重要的数据还是自己保存，或者加密后再存储到云端。第三是客户账户的安全性，客户要注意保护自己的账户安全，以免被盗用。

从广义上讲，云计算安全与传统服务安全类似，包括云计算服务的可靠性（Reliability）、可用性（Availability）和安全性（Security）。可靠性是系统能够在规定环境里、规定的时间内，按照预定的目的和方式正确运行，简单说，云计算的可靠性是指能够按照用户的需求正确地工作。可用性是指云服务在遇到问题时系统仍继续提供服务的能力，它对互联网环境下的云计算服务至关重要，即使当服务器繁忙时，如果用户访问云服务，云服务也能给用户一个合理的反馈，如“系统繁忙”等。在计算机领域，安全性是指未被授权的人不能访问和盗取计算机上存储的数据，在云计算服务中，数据加密和口令是云计算保证网络安全的主要措施。

二、云计算带来的网络安全挑战

云计算以动态计算为主要特征，通过集中供应的模式，打破了地域和时空的限制，掀起了一场新的互联网革命。云计算的应用和发展也带来了网络安全的新挑战，主要表现在以下几个方面：

一是云计算的服务模式使得基于物理安全边界的传统网络安全技术不能满足

云计算应用中的安全需求。IaaS（基础设施即服务）将基础设施（计算资源和存储）作为服务能力出租，各类云应用共用一个云基础设施，这种云存储的虚拟化和物理分布异构化，使得传统物理安全边界变得模糊。验证授权等传统的网络安全技术和产品已经不能充分保障云计算安全，满足云计算的快速发展，亟待开发针对云计算的专业的网络安全技术。

二是云计算的动态虚拟化管理方式带来新的网络安全挑战。在云计算中各节点的物理硬件和网络物理硬件通过多层虚拟化的逻辑简化过程形成了弹性化的计算、存储和网络带宽三者整合的虚拟资源池，即云计算中资源以虚拟、租用的模式提供给用户。云计算中存在多个租户共享资源，多个虚拟资源使用相同的物理资源，使得虚拟技术安全成为影响云计算安全的重要因素。例如，凭借VM Hopping攻击，入侵者借助虚拟机A可以直接对与同一宿主机连接的虚拟机B进行网络攻击。Hypervisor通常由管理平台来为管理员管理虚拟机，这会引起跨站脚本攻击、SQL入侵等一些新的远程管理缺陷。

三是用户管理权与拥有权的分离使云计算网络安全面临巨大风险。在云计算服务中，用户或企业将所属数据外包给云计算服务提供商，云计算服务商获得数据的优先服务权，用户对于存储在云中的数据安全并没有实际控制能力，完全依赖于云服务商的安全管理。一旦发生云服务商内部出现人员失职、黑客攻击及系统故障等安全机制失效的情况，极易引起用户数据泄露或丢失现象。另外云服务商需要采取有效手段和合理证据，以证明其用户数据安全存储和使用、删除，即不存在非法倒卖用户数据行为，按照要求将用户数据正确存储在指定的国家或区域，及时合理地彻底删除不需要的数据等。

四是云计算面临用户身份认证的安全风险。云计算服务商对外提供云服务的过程中，需要引入严格的身份认证机制，如果运营商的身份认证管理系统存在安全漏洞或管理机制存在缺陷，则可能引起用户的账号被仿冒，特别是企业用户的数据被“非法”窃取。在云计算环境下，随着云端用户安全接入及访问控制出现新的需求，云计算服务提供商需要为每位用户提供自助管理界面，潜在安全漏洞又将导致各种未经授权的非法访问，并且薄弱的用户验证机制也埋下了云计算网络安全的巨大隐患。

三、云计算网络安全的重要性

目前，云计算迅速发展，云计算用户量不断增加，且用户对云计算依赖程度不断提高，云计算网络安全与用户网络安全密切相关。而且随着云应用普及，云计算安全对企业影响越来越重大，进而对整个 IT 服务产业产生举足轻重的影响，甚至影响国家网络安全和社会稳定。

云计算网络安全是国家网络安全的重要组成部分。目前，美国等发达国家垄断了信息技术领域，全球只有微软、谷歌、雅虎、IBM 和亚马逊等少数互联网巨头企业具备云计算研发实力和提供“云计算”服务。而我国在云计算技术上没有主导权，其战略选择非常有限。大量使用国外云计算服务，会使国家网络安全受制于国外公司，严重威胁着我国网络安全。“云计算”的发展将导致全球各类信息进一步集中化，国家信息将面临“去国家化”的严峻考验。

云计算网络安全直接关系到用户的信息和业务安全。云计算应用的特性是无处不在，用户随时可以通过网络获取相关信息，因此数据信息的安全性和备份尤为重要——云计算发展的关键，是如何保障云中数据信息安全。同时，不少用户担心使用云计算会泄露国家机密、商业秘密、个人隐私等信息而不敢使用云计算。云计算网络安全带来的信息泄露问题使很多用户关注云端服务的安全问题，若企业运营数据、产品资料等重要商业机密被盗，则会给企业在市场竞争中带来巨大损失，失去竞争力。

第二节　发展现状

一、我国政府不断加大对云计算网络安全的重视程度

2014 年，为了进一步落实《国务院关于大力推进信息化发展和切实保障网络安全的若干意见》的工作部署，推动云计算产业的健康发展，我国政府各层面均提高了对云计算网络安全的重视程度。国家发展和改革委联合财政部、工业和信息化部、科技部决定组织实施 2014 年云计算工程，在各地积极开展的政府业务外包、政府数据公开和开发利用等试点示范工作中优先支持利用安全可靠软硬件产品和已有公共云计算平台。此外，发改委还拟从五方面进行云计算产业发展的规范化，其中重要一点是着力强化云计算安全保障，要针对云计算技术特点，完善安全防护体系，保障云计算服务安全，提升云计算网络安全支撑的能力，确

保云计算环境下的网络安全。中央网信办于2014年5月启动了“云计算服务网络安全审查”活动，以提供云计算安全保障能力。

二、云计算网络安全标准制定工作取得进展

2014年9月3日两项国家标准《信息安全技术 云计算服务安全能力要求》（GB/T31167-2014）和《信息安全技术 云计算服务安全指南》（GB/T31168-2014）获得国家质量监督检验检疫总局、国家标准化管理委员会批准正式发布。其中，《信息安全技术 云计算服务安全能力要求》规定了云计算服务安全的范围、规范性引用文件、术语、云计算概述、云计算的风险管理、规划准备、选择服务商与部署服务、运行监管，以及退出阶段9部分。国家标准《信息安全技术 云计算服务安全指南》涉及内容包括云计算服务安全范围、规范性引用文件、术语和定义、概述、系统开发与供应链安全、系统与通信保护、访问控制、配置管理、维护、应急响应与灾备、审计以及安全组织与人员和物理与环境安全14项主要内容。这两项标准的出台有助于我国加强对政府部门使用云计算的监管，并且云服务商可以依据这两项标准建设安全的云计算平台和提供安全云计算服务。2014年7月形成《信息安全技术 政府部门云计算服务提供商安全基本要求》标准草案，草案提出了云计算服务提供商基本条件、基础设施要求、运营管理要求等，以及相关安全防护技术要求。

三、企业在云安全自主研发方面取得进展

目前中国云服务商较为重视云安全构架等领域的信息安全研究。如阿里巴巴在提供云服务的同时注重安全技术的研究。云盾是阿里巴巴采用软件+X86服务器架构，依托云计算的高弹性扩展和大数据挖掘能力，自主研发的云安全服务。云盾在网络安全方面具备海量的DDoS攻击全自动防御服务；在系统安全方面，由主机密码防暴力破解、网站后门检测和处理、异地登录提醒共同组成主机入侵防御系统；在应用安全方面，采用大数据分析技术构建WEB应用防火墙（WAF）和网站漏洞检测机制。此外云盾为防御云服务商从内部窃取数据，构建了覆盖数据访问、数据传输、数据存储、数据隔离到数据销毁各环节的云端数据安全基线框架。在云安全方面，阿里云取得了首张云安全国际认证（CSA-STAR）金牌，该认证由英国标准协会（BSI）和国际云安全权威组织云安全联盟（CSA）联合

推出的旨在应对与云安全相关的特定问题。阿里云取得国际云安全认证金牌，表明中国企业在信息化、云计算领域安全合规方面取得了世界领先水平。

第三节　面临的主要问题

一、标准体系还不完善

云计算网络安全标准是保障云计算网络安全的重要基础性工作。目前，我国云计算网络安全标准工作虽已经启动，但仍处于起步阶段，我国云计算网络安全产业尚未形成一套共同遵循的技术标准和运营标准，技术或服务提供商提供了不同的 API 接口，如何实现它们之间互联互通还缺少技术规范。在云计算的标准出台之前，云计算网络安全标准难以在短时间内落实，成为云计算网络安全建设的主要瓶颈。

二、安全可控的技术和产品体系尚未形成

目前，我国虽然已有网络安全企业开始涉足云计算网络安全领域，但是我国企业云计算网络安全方面核心技术受制于人，尚未形成安全可控的技术和产品体系。我国网络安全企业在云计算网络安全领域整体技术创新能力还不强，产业链不够健全，服务模式也在探索过程当中。国际上 Google、亚马逊、IBM 等云计算服务提供商利用雄厚的技术优势开发出了较为成熟的产品和安全策略，而在安全可控、技术、标准方面我国还存在较大差距。

三、云计算信任体系尚未建立

在 IDC 全球调查中，70% 以上的用户对云计算的安全、性能、可靠性等持有不信任的态度。据调查，国内云租户同样对云服务商不够信任，很多用户由于安全问题对云服务持“不敢用、不愿用、不会用”的态度。另外，云计算在用户数据隐私保护方面仍存在较大问题，其原因主要有两个方面，一是我国云计算网络安全技术较为落后，云计算在用户数据隐私保护等方面做的还不够，二是我国目前尚未建立起以政策法律和监管政策为指导，以云服务安全、服务质量等相关技术和标准为依据，以测评认证为主要手段的信任体系。

第二十二章　大数据网络安全

第一节　概述

一、相关概念

（一）大数据的概念

大数据是一个宽泛的概念，业界对大数据的定义见仁见智，一般来讲，大数据（Big Data）是指“无法用现有的软件工具提取、存储、搜索、共享、分析和处理的海量的、复杂的数据集合”。大数据研究先驱麦肯锡公司认为大数据是“大小超出了典型数据库软件工具获取、存储、管理和分析能力的数据集”；亚马逊科学家认为大数据是“任何超过了一台计算机处理能力的数据量”。研究机构Gartner认为大数据是“需要新处理模式才能具有更强的决策力、洞察发现力和流程优化能力的海量、高增长率和多样化的信息资产”；维基百科将大数据定义为那些“无法在一定时间内使用常规数据库管理工具对其内容进行抓取、管理和处理的数据集”；Apache公司认为大数据是指“为更新网络搜索索引需要同时进行批量处理或分析的大量数据集”；野村综合研究所认为广义的大数据“是一个综合性概念，它包括难以进行管理的数据，对这些数据进行存储、处理、分析的技术，以及能够通过分析这些数据获得实用意义和观点的人才和组织”。美国白宫的“大数据开发计划”中认为大数据开发是“从庞大而复杂的数字数据中发掘知识及现象背后本质的过程”。

以上定义的角度各不相同。从数据对象本身看，大数据是大小超出传统信息技术采集、储存、管理和分析等能力的数据的集合；从技术角度看，大数据技术是通过数据采集、数据存取、数据处理、统计分析、数据挖掘等技术手段和工作，从大数据对象中，快速获得有价值信息的技术及其集成；从应用角度看，大数据是对特定大数据集合，集成应用大数据技术，获得有价值信息，以提高决策力、洞察发现力的行为。

（二）大数据的主要特征

大数据同过去的海量数据有所区别，一般来讲，业界通常用四个“V”（即Volume、Variety、Value、Velocity）来概括大数据的特征，即数据量巨大、数据类型繁多、价值密度低、处理速度快。

一是数据量巨大（Volume）。大数据时代数据量从TB级别，跃升到PB级别。存储1PB数据将需要两万台配备50GB硬盘的个人电脑。到目前为止，人类生产的所有印刷材料的数据量是200PB（1PB=1000TB），而历史上全人类说过的所有的话的数据量大约是5EB（1EB=1000PB）。据IDC报告预测，到2020年全球数据量将扩大50倍。

二是数据类型较多（Variety）。目前数据可以分为结构化数据和非结构化数据。以往便于存储的以文本为主的数据为结构化数据，网络日志、音频、视频、图片、地理位置信息等多类型非固定形式存储的为非结构化，目前非结构化数据越来越多。非结构化数据是形成数据类型繁多的主要因素，同时对数据的处理能力提出了更高的要求。

三是价值密度低（Value）。价值密度的高低与数据总量的大小成反比。以视频为例，一段两小时的聊天视频，可能有用的数据仅仅只有几分钟甚至几秒钟。如何通过数据挖掘技术或机器算法更迅速地完成对海量数据中“有价值信息”的“提取”，是目前大数据汹涌背景下亟待解决的难题。

四是处理速度快（Velocity）。这是与传统数据挖掘相区别的显著特征。在带宽越来越大、系统越来越复杂、要采集的数据越来越多的趋势下，对数据处理的及时性要求越来越高。如果对于源源不断的数据不能及时处理，则旧数据很快被新数据淹没。根据IDC的“数字宇宙”的报告，预计到2020年全球数据使用量将会达到35.2ZB。在如此海量的数据面前，处理数据的效率就是企业的生命。

（三）大数据网络安全

大数据时代的网络安全主要表现在五个方面：一是网络安全。大数据与网络

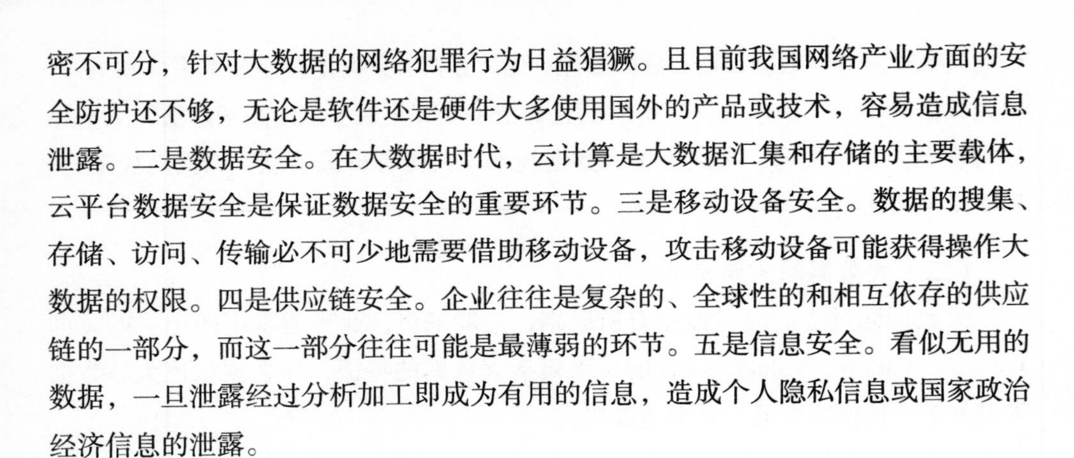

密不可分，针对大数据的网络犯罪行为日益猖獗。且目前我国网络产业方面的安全防护还不够，无论是软件还是硬件大多使用国外的产品或技术，容易造成信息泄露。二是数据安全。在大数据时代，云计算是大数据汇集和存储的主要载体，云平台数据安全是保证数据安全的重要环节。三是移动设备安全。数据的搜集、存储、访问、传输必不可少地需要借助移动设备，攻击移动设备可能获得操作大数据的权限。四是供应链安全。企业往往是复杂的、全球性的和相互依存的供应链的一部分，而这一部分往往可能是最薄弱的环节。五是信息安全。看似无用的数据，一旦泄露经过分析加工即成为有用的信息，造成个人隐私信息或国家政治经济信息的泄露。

二、大数据带来的网络安全挑战

大数据带来的网络安全挑战，主要表现在以下几个方面：

一是大数据更容易成为网络攻击的显著目标。在网络空间中，大数据大量积聚，较容易被黑客发现，成为黑客攻击的显著目标。一方面，大数据不仅意味着数据量巨大，也意味着数据中含有更敏感、更重要的信息，这些信息会引起更多的以国家利益或商业目的为背景的黑客的注意，成为更具吸引力的目标。2014年2月到3月底，黑客攻击了eBay公司的数据库，导致用户密码、通信地址、电邮地址等重要个人信息泄露。另一方面，借助大数据分析工具和数据挖掘技术，黑客可以向企业或者国家发起更具有针对性和精确性的攻击。此外，数据的大量聚集，使得黑客一次成功的攻击能够获得更多的数据，增加了黑客攻击的“收益率”。

二是大数据加大信息泄露的风险。大数据时代数据来源渠道多种多样，例如传感器、社交网络、云租户等，大量数据的聚集及渠道来源的多样化不可避免地加大了信息泄露的风险。一方面包括企业商业机密信息、个人行为信息在内的大量信息不断汇集，集中存储、处理增加了数据泄露风险。另一方面，随着海量数据的不断聚集，利用数据挖掘、关联分析能够从普通数据中提取大量具有统计意义的信息，这些信息或者能勾勒出目标人物的一举一动，或者能分析出企业的商业布局，或者能透露一个国家的经济走向，因此大数据时代加大了信息泄露的风险。

三是大数据对现有存储和安全防护策略提出新要求。一方面，大数据时代，数据量将以几何级数不断增加，传统的防火墙、病毒查杀、入侵检测等安全防护软件不能满足大数据安全需要，且防护措施的更新升级速度也无法跟上数据量非线性增长的步伐。另一方面，大数据时代的数据收集、传输、存储和应用方式是跨地域甚至是跨国界的，很多数据存储在国外，云计算实现跨越国境应用，数据保护已经上升到国家安全层面。这就要求从国家战略角度出发，对国家或企业数据进行分类分级，根据重要程度采取不同的保护措施，对确需保护的国家级数据，必须采取切实可靠的手段进行有效管理。

四是大数据对保障基础设施安全和维护国家主权提出新挑战。一方面，电信网络甚至工控系统等关键基础设施是大数据发展的基础，大数据安全同样依赖于基础设施的安全，随着经济全球化和供应链全球化的影响，关键基础设施的安全变得越来越复杂，一国的基础设施可能同时服务于多个国家，信息经济的高度全球相互依赖性，挑战着原有的国家主权观念。另一方面，随着数据价值的不断提高，一个国家拥有数据的规模、活性及解释运用的能力将成为综合国力的重要组成部分，对大数据的占有和控制权成为维护国家主权和核心利益的基础。

三、增强大数据安全的重要性

世界经济论坛报告将大数据视为新财富，其价值堪比石油。大数据之父维克托所预测，将来大数据将被作为企业资产列入资产负债表中。2012 年 3 月美国宣布投资 2 亿美元启动“大数据研究和发展计划”，借以增强海量数据的收集、挖掘分析的能力，可见美国已将大数据上升到国家战略层面。2014 年 5 月美国白宫发布《大数据：抓住机遇、保存价值》白皮书，鼓励使用数据推动社会进步。美国政府视大数据为“未来的新石油”，将对科技与经济发展将带来深远影响。在未来，拥有数据的规模和运用数据的能力将成为一个国家综合国力的重要组成部分，对数据的占有、控制和运用也将成为国家间和企业间新的竞争焦点。

大数据为人类经济生活创造多方位的价值，“大数据时代预言家”维克托·迈尔－舍恩伯格认为大数据开启了一次重大时代转型。大数据正在改变我们的商业模式，影响我们经济、政治、医疗等社会生活的各个方面。据麦肯锡测算，美国医疗健康业利用数据每年可以节省 3 千亿美金，欧洲政府利用大数据每年节省 1 千亿欧元。基于大数据分析的市场研究不再局限于抽样调查，而是基于几乎全样本空间。

要使大数据为人类经济发展所用，必须重视和解决大数据发展中的网络安全问题。大数据时代，面对海量的数据收集、存储、管理、分析和共享，传统意义的网络安全面临新挑战。日益汇聚的海量数据可能囊括了大量的个人隐私、企业信息以及个人和企业的行为数据，通过对海量数据进行数据挖掘、关联分析，可能获得国家经济运行走向、社会舆情动态等方面的信息，这些数据信息一旦泄露，可能会威胁国家政治安全、经济安全和社会稳定。此外，大数据给数据保存和防止破坏、丢失、盗取带来了技术上的难题。因此有必要采取措施，增强信息安全保障能力，为大数据发展保驾护航。

第二节　发展现状

一、我国政府不断加大对大数据安全的支持力度

近年来，国家日益重视大数据技术的快速发展所引发的网络安全新问题。国家发改委于2013年发布《国家发展改革委办公厅关于组织实施2013年国家信息安全专项有关事项的通知》，决定在国家信息安全专项中重点对大数据网络安全领域进行支持，重点研发大数据网络安全领域的高性能异常流量检测和清洗产品、大数据平台安全管理产品等。据2015年初的最新数据统计，列入国家发改委信息安全专项的150个专项中，有31项与大数据网络安全相关，国家对大数据网络安全支持力度不断加大。此外，我国政府还制定了关于个人信息保护的相关法律规章，如工业和信息化部的《电信和互联网用户个人信息保护规定》、《信息安全技术公共及商用服务信息系统个人信息保护指南》，工商总局的《网络交易管理办法》等。此外，不少地方基于本地实际情况还出台了相关地方性法律条例，如《深圳经济特区互联网信息服务安全条例》。

二、国家重视大数据安全相关标准的制定

随着信息技术的广泛应用和互联网的不断普及，个人隐私信息等数据在社会、经济活动中的地位日益凸显。2005—2008年间，我国发布了《信息安全技术 数据库管理系统安全评估准则》、《信息安全技术 数据库管理系统安全技术要求》、《信息技术—安全技术 信息安全管理体系实施指南》等国家信息安全标准。2014

年9月发布的两份云计算国家标准中明确了对数据的处理流程和相关规定，为大数据信息安全标准制定提供了参考。同时，全国信息安全标准化委员会（TC260）组织开展了有关大数据安全技术、产业等相关研究，并提出了相关大数据标准立项计划，如《信息安全技术个人信息保护指南》已立项，《信息安全技术个人信息保护管理要求》、《信息安全技术移动智能终端个人信息保护技术》等相关标准正在研究中，《信息安全技术大数据安全指南》、《信息安全技术大数据安全参考架构》、《信息安全技术大数据全生命周期安全要求》等大数据相关标准也已经纳入研究计划。

三、信息技术企业开始涉足大数据网络安全领域

目前我国信息技术企业开始涉足大数据网络安全领域。一方面，传统的网络安全企业开始针对大数据特点研发大数据防火墙和新型查杀病毒、木马的网络安全工具；另一方面，大数据时代需要检测的数据越来越多，新的攻击手段层出不穷，传统的分析方法大都是基于规则和特征的分析引擎，而规则和特征只能对已知攻击和威胁进行描述，无法识别未知攻击。针对此，一些具有采集、汇聚数据能力的信息技术企业开始研发大数据分析工具，以大数据技术来提高数据安全分析能力。例如，2014年启明星辰研发了大数据安全分析平台，该平台结合流行的关联分析、机器学习、数理统计、实时分析、历史分析和人机交互等多种分析方法和技术，帮助用户实现对不断扩大的异构海量数据的分析，发现传统的安全产品无法检测的安全攻击和威胁，从而进一步保护客户的信息不受破坏。

第三节　面临的主要问题

一、相关法律法规缺失

目前我国网络安全法律体系尚未建立，作为新生事物的大数据网络安全更是缺乏法律保障。在企业数据使用方面，缺乏企业和应用程序关于搜集、存储、分析、应用数据的相关法规，电信、金融、物流等行业个人信息泄露、违规使用情况严重，移动应用多在不必要的情况下采集用户的手机通话记录、短信、地理位置等信息，危及个人财产、生命安全。在国家数据主权保护方面，缺少保护本国数据、限制数据跨境流通的相关法律，导致金融、证券、保险等重要行业在华开

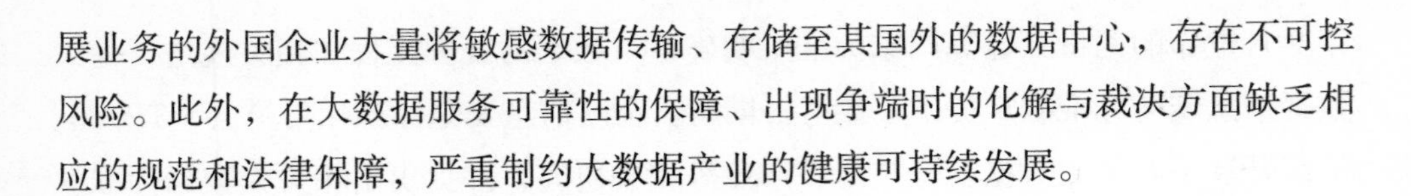

展业务的外国企业大量将敏感数据传输、存储至其国外的数据中心，存在不可控风险。此外，在大数据服务可靠性的保障、出现争端时的化解与裁决方面缺乏相应的规范和法律保障，严重制约大数据产业的健康可持续发展。

二、信息技术产业环境受制于人

我国信息技术起步较晚，相关产业自主能力较差，并且大数据发展对信息技术系统、产品和服务提出了更高的技术要求，我国在处理芯片、存储设备、大数据软件等方面均存在受制于人的问题。例如，我国重要行业存储设备多被国外厂商垄断；我国关键数据传输节点受控情况严重，思科占据我国骨干网络超过70%的份额；与数据处理密切相关的基础软件更是国外企业的天下，据统计，2014年3月份微软在全球操作系统市场的份额为89.96%，Oracle数据库全球市场占比达47.4%，位居第一。此外，外资在数据主权方面居于主导地位，2014年亚马逊与宽带资本签订战略合作协议，在宁夏中卫建立数据中心，根据双方协议，亚马逊提供技术授权，合资公司负责数据维护及运营，由于双方技术上的不对称，若亚马逊实施数据转移，我方公司很难在技术上察觉。

三、核心技术基础薄弱

我国在技术上主要集中在大数据产业链应用环节，在底层的核心技术方面比较薄弱。业界将大数据产业链界定为大数据基础技术、大数据基础设施及大数据应用程序等。基础技术主要指处理海量信息等较为核心的技术，目前基础技术中的Hadoop分布式数据处理技术、nosql数据库及流式数据处理技术分别被国外的Cloudera、IBM以及亚马逊等企业所掌握，我国企业在这一领域较少具有话语权。国内的数据挖掘、关联分析等大数据关键技术也多来自国外。与国外大数据技术研发工作相比，我国缺乏对大数据技术研发的整体设计框架，一方面，大数据技术研究工作相对落后，缺乏高校等专业研究队伍支持；另一方面，国家在研发投资工作方面缺乏直接协调，一定程度上造成重复研究、资源浪费。

第二十三章　移动互联网安全

第一节　概述

一、相关概念

（一）移动互联网概念

移动互联网（Mobile Internet，简称 MI）是移动通信和互联网的结合，是以移动网络作为接入网络的互联网及服务，包含移动终端、接入网络和应用服务三个层面。移动终端包括智能手机、平板电脑等，涵盖终端硬件、操作系统、中间件、数据库等；接入网络包括卫星通信网络、蜂窝网络、无线城域网、无线局域网、基于蓝牙的无线个域网等；应用服务包括移动搜索、移动社交网络、移动电子商务、移动互联网应用拓展、基于云计算的服务、基于智能手机感知的应用等。

（二）移动互联网安全威胁

移动互联网与传统互联网和通信网络相比，终端、网络结构、业务类型等都已发生重大变化，在带来极大便利性的同时，也带来了更多的安全威胁。移动互联网面临的主要安全威胁包括以下几方面。

一是智能终端安全威胁。移动终端发展迅猛，新型手机、平板、智能可穿戴设备等层出不穷，智能终端功能日益强大，能够提供通信、搜索、支付、办公等多样化的服务。因此，由智能终端“后门”、操作系统漏洞、API 开放、软件漏洞等所带来的安全威胁不断增多。

二是接入网络安全威胁。传统有线网络中最有效的安全机制是等级保护和边界防护，但由于移动互联网更加扁平、开放，不再存在明显的网络边界，传统安全措施的防护能力大大下降。而且，由于移动互联网增加了无线接入和大量的移动通信设备，以及IP化的电信设备、信令和协议存在可被利用的软硬件漏洞，接入网络面临着新的安全威胁，例如通过破解空中接入协议非法访问网络等。

三是应用及业务安全威胁。移动互联网业务是指与网络紧密绑定的、向用户提供的服务，随着移动互联网应用日渐广泛，移动互联网的业务提供、计费管理、信令控制等都面临着严峻的安全威胁，主要包括SQL注入、拒绝服务DDoS攻击、非法数据访问、非法业务访问、隐私敏感信息泄漏、移动支付安全、恶意扣费、业务盗用、强制浏览攻击、代码模板、字典攻击、缓冲区溢出攻击、参数篡改等。

二、移动互联网安全形势愈发严峻

我国移动互联网用户增长迅速，移动互联网应用日益丰富，几乎覆盖了生活的各个方面，尤其是社交、电商、资讯、理财等业务发展迅猛，各类APP与社会服务深度融合，成为连接线上线下的重要平台，加大了对社会生活服务的渗透力度，用户对APP的依赖不断加深。据工业和信息化部公布的2014年7月份通信业经济运行情况显示，我国移动互联网用户总数达到8.72亿户，同比增长6.3%；月户均移动互联网接入流量达到178.8M，同比增长48%[1]；据友盟2014年第二、三季度中国移动互联网年度报告数据显示，9月移动互联网用户使用APP的次数较4月增长了30%，移动端APP已经成为人们生活方式中不可或缺的一部分[2]。

随着移动互联网的迅速发展和普及，2014年移动互联网面临的安全挑战日益增多，形势愈发严峻。

一是病毒感染数量增长迅速。近年来，手机病毒感染数量快速增长，2014年更是爆发性增长，尤以Android最为严重，据百度统计，2014年我国Android用户累计受感量达到2.67亿次，较2013年同比增长299%，尤其是2014年第三季度，病毒感染人数达到9700万人次，是2013年同期的6.9倍。在2014年Android系统新增病毒中，恶意扣费类软件占据绝大多数，比例高达67.9%。

二是伪基站短信数量不断攀升。垃圾短信一直是困扰我国手机用户的顽疾，近年来，通过伪基站发送垃圾短信的数量不断攀升，据百度统计，截至2014年12月，伪基站短信的总量为11.9亿，其中冒充运营商发送积分兑换、话费充值

---

[1] 工业和信息化部，2014年7月份通信业经济运行情况，http://www.miit.gov.cn/n11293472/n11293832/ n11294132/n12858447/16112381.html，2014年8月。

[2] 友盟，2014年第二、三季度中国移动互联网年度报告：越来越细分、垂直的中国移动互联网，2014年11月。

等诈骗短信越发猖獗。

三是移动支付安全问题日益严重。随着移动支付用户的迅速增长，个人财产安全隐患也日益突出，来自恶意山寨应用、不明 WiFi 环境、支付应用漏洞、不安全验证短信威胁不断增强，据猎豹移动安全实验室 2014 年捕获的安卓病毒样本显示，与移动支付业务相关的手机病毒占 60%[1]；百度数据显示，截至 2014 年 12 月，我国有支付风险的用户占比为 21.8%[2]。

四是企业移动互联网安全问题频发。随着智能手机、平板电脑等移动设备在企业经营中的普及和应用，由此引发的安全问题日益频发。据卡巴斯基实验室 2014 年 9 月公布的调查结果显示，2014 年初至调查开展时，25% 受访公司都经历了移动设备被盗，而在 2011 年这一比例只有 14%，最令人关注是，有 19% 的受访者表示，移动设备被盗已经导致业务数据丢失。

三、移动互联网安全日益重要

当前，无论是个人、企业还是国家都面临着无法回避的网络安全挑战，移动互联网安全的重要性也日益凸显。

对个人用户来说，随着通讯录、账号密码、相册照片、地理位置、银行卡、信用卡等重要的隐私信息大量存贮在智能终端中，由恶意软件、伪基站等造成的用户隐私泄露、通话被窃听、信息被盗用等情况日益严重，个人信息、隐私和财产安全受到严重威胁，例如 2014 年世界杯期间，不法分子利用“2014 世界杯点球赛”、“世界杯争夺赛”等多款捆绑有“越位木马”的世界杯类危险软件，捆绑恶意广告插件，并在后台私自下载软件，不仅造成手机流量损失，还窃取用户手机固件信息和用户隐私；2014 年 9 月，苹果 iCloud 遭入侵，导致好莱坞女星隐私泄露，等等。

对企业用户来说，由移动互联网安全问题引发的企业商业秘密被窃取、商业活动被破坏情况不断出现，对企业造成了重大损失，例如英国保险业巨头英杰华集团的移动设备管理系统遭受了黑客利用“心脏出血”漏洞的攻击。英杰华采用 Mobiletron 的 BYOD 管理平台管理超过 1000 台智能终端，如 iPhone 和 iPad，一名黑客入侵了 Mobiletron 的管理服务器，并通过系统向其管理的手持设备和电子邮件账户推送信息。

[1] 猎豹移动安全实验室：《2014–2015中国互联网安全研究报告》，2015年1月。
[2] 百度移动安全：《2014年中国移动互联网安全报告》，2015年1月。

对国家来说，由于个人、企业乃至政府信息通过移动互联网传输或者存储在云存储中，部分组织和个人通过信息窃取或者依靠云计算能力进行大规模分析，可以获取国家经济、社会各个方面的重要信息，而GPS全球卫星定位技术在移动互联网中的广泛应用，致使不法组织机构可以通过对重点和特殊用户进行定位，获取一些安全保密的基础信息。2014年12月，The Intercept网站公布的来自爱德华·斯诺登（Edward Snowden）的文件显示，美国国家安全局（NSA）于2010年启动AURORAGOLD行动，收集关于移动运营商内部系统的信息，供NSA的黑客攻击使用，据2014年早些时候斯诺登提供的文件显示，NSA已经有能力监控巴哈马和阿富汗的整个移动通信网络。此外，恐怖组织、不法机构等通过移动互联网传播暴力、色情等不良信息，也严重威胁到国家的稳定和安全。

第二节　发展现状

一、法律法规不断完善

针对日益严峻的移动互联网安全形势，我国加快了相关法律法规的制定。一是加强对即时通信工具的管理，2014年8月，国家互联网信息办公室发布了《即时通信工具公众信息服务发展管理暂行规定》，对即时通信工具公众信息服务的管理，以及即时通信工具服务提供者、使用者的行为进行了明确规范。二是加强恶意程序的监测和处置力度，工业和信息化部于12月9日印发了《移动互联网恶意程序监测与处置机制》，对移动互联网恶意程序及其传播服务器、控制服务器进行监测和处置。三是加强内容管理，2014年8月，国务院发布《关于授权国家互联网信息办公室负责互联网信息内容管理工作的通知》，授权国家互联网信息办公室负责全国互联网信息内容管理工作，并负责监督管理执法。

二、监管力度逐渐加强

在各国纷纷加强移动互联网监管力度的同时，我国也加大了对移动互联网中的违法犯罪行为的整治力度。一是加大对恶意程序的治理力度，2014年4月至9月，工业和信息化部、公安部、工商总局在全国范围内联合开展打击治理移动互联网恶意程序专项行动，按照“标本兼治、源头治理”的工作思路，加强移动应用程序制造、传播、服务等环节的监管管理。据工业和信息化部通信保障局袁春阳在第二届移动互联网产业发展与网络信息安全研讨会披露的数据，在专项行动中，各地通信管理局对 43 家较大规模的应用商店进行了现场检查，对 106 家应用商店中的近 520 万个应用程序进行了安全检测；在网络侧开展移动恶意程序监测中，共发现恶意程序 2.4 万多个，对 1.48 万个恶意程序传播服务器、1100 个控制服务器相关 URL 进行了处置。二是加强对即时通信工具的管理力度，针对恐怖组织利用移动聊天软件和视频网站来策划或者煽动袭击、传播有关如何制造炸弹的信息的情况，我国于 2014 年封锁了 Kakao Talk、连我（Line）、Didi、Talk Box 和 Vower 等应用软件。

三、安全产品、服务发展迅速

随着政府对移动互联网监管力度加强，以及用户对产品安全性需求的不断提升，移动互联网终端企业、网络运营商、应用服务提供商等都不断推出安全性更高的产品和服务。

在终端方面，企业加强了加密技术和自动销毁技术的开发和应用，提升终端安全水平，例如中国电信与酷派集团共同推出了双系统加密手机，通过双系统硬隔离、芯片硬加密等手段保障用户的数据资料安全和使用应用连接互联网过程中的数据通信安全。

在网络方面，企业利用加密技术保障通信过程安全，例如中国电信在手机侧和网络侧进行专门的加密定制，通过国家商业局认证的硬件加密系统，在终端、空中接口和网络之间全程采用密文传送方式，进一步确保通信的安全。

在应用方面，企业通过将先进的身份认证技术和具体应用结合，提升应用安全性。例如移动支付平台支付宝钱包在国内率先试验推出指纹支付，在三星 GALAXY S5 上试水小额免密支付。

四、开放平台、共治体系逐渐形成

移动互联网安全问题并非单个企业、机构或者单个产品所能解决，需要消费者、应用商店、开发者、终端企业、运营商等有关组织的共同努力。目前，我国企业已经着手构建开放平台，加强产业合作，为消费者提供一整套完整的防护方案，例如百度手机卫士于 2014 年 8 月，宣布打造开放的移动安全平台，通过开放接口，接入应用商店、开发者、垂直领域（银行、支付、游戏）等产业链条上的各参与方，提供“支付安全保护、骚扰拦截、病毒查杀及漏洞检测”三大移动安全技术。同时，国家互联网应急中心（CNCERT））等组织也通过监测与共治，加强恶意程序防控，营造安全应用开发、传播的良好环境，据中国互联网协会网络与信息安全工作委员会秘书长严寒冰在第二届移动互联网产业发展与网络信息安全研讨会介绍，国家互联网应急中心 2014 年上半年协调应用商店下架恶意程序 5654 个，下架率达 96.5%，并对危害较为严重的恶意控制端进行了重点处置，此外，国家互联网应急中心还通过中国反网络病毒联盟发起了“移动互联网应用自律白名单”行动，推动 APP 开发者、应用商店、终端安全软件企业共同打造“白应用”开发、传播、维护的良性循环。

五、安全意识教育逐步开展

应对移动互联网安全威胁，还有赖于网民安全意识的提升。美、英、澳、日、欧盟等国家和地区长期以来都广泛组织开展了不同形式的网络安全主题宣传活动。我国也于 2014 年 11 月举办了以“共建网络安全，共享网络文明”为主题的首届国家网络安全宣传周，围绕金融、电信、电子政务、电子商务等重点领域和行业网络安全问题，分别设置启动日、政务日、金融日、产业日、电信日、青少年日和法治日 7 个主题宣传日，开展系列宣传活动。

第三节　面临的问题

一、法律法规、标准不完善

移动互联网发展迅速，新业务不断兴起，而我国的法律法规、标准的制定工作则相对滞后。一是法律法规缺失，如 APP 应用程序已经成为我国移动互联网用户大量使用的重要应用，APP 应用处于无序、不受监管的状态，存在权限滥用，内容审核不严格等乱象，但目前，我国相关法律法规的制定工作尚未完成；二是相关实施细则不完善，例如即时通信等领域虽已制定了相关法规，但切实执行仍需根据技术和应用的发展情况制定详细的实施办法；三是标准的缺失，例如二维码由于缺乏统一的标准体系，QR 码、DM 码、PDF417 码、汉信码、龙贝码、GM 码等不同码制之间难以实现互联互通。

二、监管防护体系尚有缺陷

对移动互联网进行监管和安全防护，需要建立政府、企业、用户等多方参与的监管防护体系，但目前，我国尚未建立起完善的共防共治体系。

一是大型应用平台的监管不完善。目前，大型应用商店和电子商务、金融平台已成为我国移动互联网用户下载应用程序、完成交易等活动的重要渠道，据国家互联网应急中心数据显示，超过 84% 的移动应用程序通过规模较大的 58 家应用商店进行传播。因此，应用商店和电子商务等平台也成为恶意软件、病毒传播的重要渠道，而我国对这些大型应用平台的监管体系尚不完善，尤其移动互联网金融等新兴平台尚未纳入到整体监测体系中。

二是二维码等技术应用缺乏监管。二维码因编码开放、便利，致使不法分子可以轻松利用多种形式，在二维码应用中植入恶意软件、病毒，获取用户信息。目前，二维码已经成为病毒传播的重要载体，二维码信息内容也处于无人监管状态，但我国还没有建立由国家主管机构或第三方机构统一审核、监控、追溯和认证的体制。

三是共防共治体系不完善。虽然我国政府机构、行业组织、相关企业都在加强移动互联网安全建设，并已经开始在某些领域中形成合作，但多方合作、信息共享、共同监测预警、协同应急响应的整体防治体系还没有形成，尚不能有效应对由移动互联网快速发展带来的安全威胁。

四是监管力度有待加强。当前，我国移动互联网发展过程中暴露出来的一些问题，由于监管和处置不力，尚未得到妥善解决，例如垃圾短信、诈骗电话已经存在许久，部分运营商处置不力，甚至提供便利，导致垃圾短信和诈骗电话数量有增无减，十分猖獗。

三、全民安全意识有待提高

目前，我国全民网络安全意识仍然不强，从心脏出血漏洞的修复情况可见一斑。据知道创宇 ZoomEye 监测数据显示，全球受心脏出血漏洞影响的公网 IP 共计 2433550 个，其中美国最多，达到 838526 个，我国为 26621 个，从漏洞爆发 3 天内各国漏洞修复率来看，新加坡修复率最高达到 57%，美国修复率为 49%，排在第二位，我国修复率仅为 18%，排在第 102 位。心脏出血漏洞爆发后，我国国内媒体和政府组织都进行了全方位的报道和宣传，然而我国漏洞修复率依然远低于世界平均水平，足以看出我国全民网络安全意识有待进一步提高。

第二十四章　工业控制领域网络安全

第一节　概述

一、工业控制系统与工业控制系统网络与信息安全

（一）工业控制系统的概念

工业控制系统（Industrial Control System）是工业生产中所使用的多种控制系统的统称，典型形态包括监控和数据采集系统（SCADA）、分布式控制系统（DCS）以及可编程逻辑控制器（PLC）等小型控制系统装置。

（二）典型工业控制系统

典型工业控制系统主要包括：

监控和数据采集系统（SCADA）用于数据采集与控制，对大规模远距离地理分布的资产与设备进行集中式管理。SCADA系统对数据采集系统、数据传输系统和人机接口进行集成，以提供一个集中监控多个过程输入和输出的系统。SCADA系统采集现场信息，传输到中央计算中心，以图形和文本形式向操作员展示，从而操作员能够实施对整个系统进行集中监视或控制。SCADA系统是广域网规模的控制系统，常用于电力和石油等长输管道的过程控制。

分布式控制系统（DCS）是集中式局域网模式的生产控制系统，通过对各控制器进行控制，使它们共同完成整个生产过程；通过对生产系统进行模块化，减少单点故障对整个系统的影响。通过接入企业管理信息网络，实现实时生产情况的展现。DCS主要用于各种大、中、小型电站的分散型控制、发电厂自动化系统的改造以及钢铁、石化、造纸、水泥等过程控制行业。

可编程逻辑控制器（PLC）是具有计算能力的固态设备，具有独立进行一定的采集、计算、分析和工业设备与工业过程的控制功能。PLC 还可以直接作为小规模控制系统进行生产过程控制，也常常在 SCADA 和 DCS 系统中作为整个系统的控制组件对本地进行管理。在 SCADA 系统，PLC 可以起到 RTU 的作用；在 DCS 系统中，PLC 起到本地控制器的作用。

工业控制计算机（IPC），是一种面向工业生产设计的计算机，在工业生产环境中完成对生产过程及其机电设备、工艺装备进行检测与控制。

PLC/RTU，可编程逻辑控制器 / 远程传输单元，是工业控制系统中的硬件核心部分，通过对它们进行编写控制程序，PLC/RTU 能够按照程序控制工业设备的运行和对其故障进行处理，并且把实时的数据上传到计算机进行进一步的分析、储存和处理。

仪器仪表，是对工业现场的过程数据进行度量和采集的仪器，如压力计、温度计、湿度计等。主要包括:长寿命电能表、电子式电度表、特种专用电测仪表；过程分析仪器、环保监测仪器仪表、工业炉窑节能分析仪器以及围绕基础产业所需的零部件动平衡、动力测试及产品性能检测仪、大地测量仪器、电子速测仪、测量型全球定位系统；大气环境、水环境的环保监测仪器仪表、取样系统和环境监测自动化控制系统产品等。

智能接口，是标准的工业通信接口，用于设备之间的互联，按照其通信协议不同而分为不同种类，如 RS232、RS485 串行通信接口、Modbus 接口等。

工业现场网络，是在工业设备间进行数据传输的网络，比一般的计算机网络更注重稳定性和抗干扰能力，通常按照不同设备厂家的协议来命名，如西门子的 Profitbus、RockWell 的 Rslink 等。

工业控制软件，又叫组态软件，是开发人机界面用于操作员对工业现场的设备状态进行实时控制，对实时的告警数据进行响应，对历史数据进行分析的软件系统，如 Wonderware 的 Intouch 和 Citect 的 CitectSCADA 等。

历史数据库系统，是通过数据的压缩技术把工业现场以毫秒级变化的实时数据进行压缩存储，并且可以对几天前、几月前甚至几年前的生产设备数据进行查询还原，如 Wonderware 的 InSQL 和 Citect 的 Historian 等。

（三）工业控制系统网络与信息安全及其特点

工业控制系统涉及钢铁、石化、装备制造、轨道交通、电力传输、市政供水等诸多重要行业，其安全主要包括以下几方面：一是连网安全。工业控制系统网络化趋势明显，木马、病毒等传统互联网威胁不断向工业控制系统渗透，已经成为工业控制系统网络与信息安全（以下简称"工控安全"）的一部分。二是数据安全。存储在工业控制系统中的设计、工艺、运维、管理等数据的敏感程度更高，直接反映着一国工业生产、技术水平。三是管理安全。工业控制系统与生产、运维环节紧密联系，对管理提出了更高的要求。

工控安全具有以下特点：

一是针对关键基础设施及其控制系统的攻击具有更强的目的性。与传统病毒攻击的漫无目的相比，近年来"震网"等病毒攻击具有越来越明确的针对性和目标性。"震网"、"火焰"病毒虽然也能像传统蠕虫病毒一样在网络上广泛传播，但前者并不以牟取经济利益为目的，其最终目标是特定国家的关键基础设施或工业控制系统，攻击旨在获取系统中的敏感信息，或者瘫痪关键基础设施运行。例如，"震网"病毒以伊朗核电基础设施为攻击目标；"火焰"病毒在 2012 年 4 月已经导致伊朗石油部、国家石油公司内网及其关联官方网站无法运行及部分用户数据泄露。

二是国家成为工业控制系统网络攻击的重要支持和发动者。以往的网络攻击，攻击者多数是个人或黑客团体，但近年来国家政府开始加入进来。早在 2008 年，俄罗斯就因与格鲁吉亚的南奥塞梯问题对后者发动了网络攻击。据《纽约时报》披露，美国总统奥巴马从上任的第一个月开始，就密令加快对伊朗主要铀浓缩设施进行代号为"奥运会"的网络攻击。2010 年给伊朗核电站造成破坏的"震网"病毒，经证实是由美国和以色列联合研发的，目的在于阻止伊朗发展核武器。2013 年 11 月，据透露，"震网"病毒已经入侵俄罗斯核设施系统，入侵的方式和感染伊朗核设施的方法如出一辙。据研究，"火焰"病毒代码与"震网"的某个特定模块有共同特征。而且，从病毒结构、病毒开发工作难度等来看，这些病毒不可能由几个黑客开发，专家分析认为这应当是某些国家的行为。

三是高级可持续性攻击威胁日趋严重。高级可持续性攻击（APT）是针对特定组织的复杂且多方位的网络攻击，这类攻击目标性极强，一旦成功危害很大。攻击一般从搜集信息开始，搜集范围包括商业秘密、军事秘密、经济情报、科技情报等；情报收集工作为后期攻击服务。攻击可能会持续几天、几周、几个月，甚至更长时间，呈现出持续性的特点。自 2007 年出现以来，APT 攻击手段不断完善，攻击方式越来越隐蔽，攻击范围扩展到能源、运输、食品和制药等公用事业领域的企业和机构。据专家判断，2011年伊朗导弹爆炸事件，是因为导弹电脑控制系统遭“震网”病毒感染所致，而该事件距“震网”病毒爆发已一年以上，足见此攻击的持续性。

二、工业控制系统网络与信息安全形势严峻

一是工业控制系统自身脆弱性导致漏洞数量迅速增长。自2010年震网事件之后，人们开始关注工业控制系统网络与信息安全问题，而工业控制系统本身先天缺乏安全考虑成为工业控制系统相关公开漏洞数量保持快速增长的原因。据统计，工业控制系统公开漏洞数达到549个。此外，公开漏洞所涉及的工业控制系统厂商涉及西门子、施耐德、罗克韦尔等世界知名品牌，这极大降低了公众对于工业控制系统网络与信息安全的信心。

二是安全事件频频发生。美国工业控制系统网络应急小组(ICS-CERT)的最新报告显示，在2009年到2014年间，美国关键基础设施公司报告的网络安全事件数量急剧增加。2009年，ICS-CERT仅确定了9起安全事件报告；2010年，这个数字上升到41起;2011年和2012年，均确定了198起安全事件报告；2013年和2014年上报的安全事件均超过250起。此外，能源和制造行业成为重灾区。据ICS-CERT公布的数据，工业控制系统安全事件多集中在能源行业（59%）和关键制造业（20%）。急剧上升的网络攻击，严重威胁着关键基础设施的正常运转。

三是有组织网络攻击成为工业控制系统的最大威胁。2014年1月，网络安全公司CrowdStrike曾披露了一项被称为“Energetic Bear”的网络间谍活动，在这项活动中黑客们可能试图渗透欧洲、美国和亚洲能源公司的计算机网络。据CrowStrke称，那些网络攻击中所用的恶意软件就是Havex RAT和SYSMain RAT，该公司怀疑Havex RAT有可能以某种方式被俄罗斯黑客连接，或者由俄罗斯政府资助实施。2014年6月，“蜻蜓组织”利用恶意程序Havex（与震网类似），对欧、美地区的一千多家能源企业进行了攻击。

四是连网工业控制系统网络与信息安全形势严峻。在互联网+时代，工业控制系统网络化趋势明显，越来越多的工业控制系统接入互联网，这在为管理、运维带来便利的同时，也引入了大量安全问题。通过分析工业控制系统通信协议、

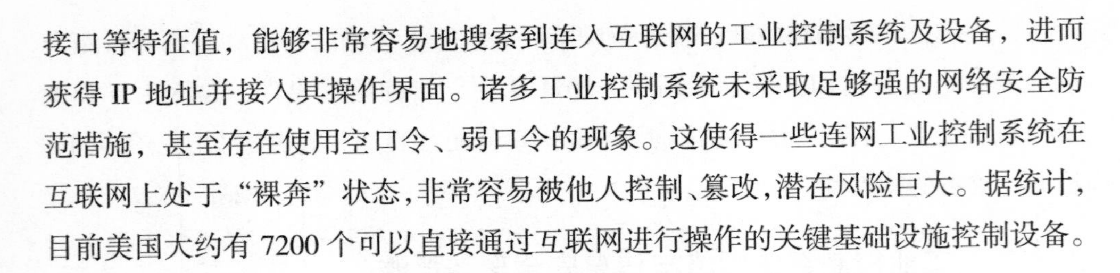

接口等特征值，能够非常容易地搜索到连入互联网的工业控制系统及设备，进而获得 IP 地址并接入其操作界面。诸多工业控制系统未采取足够强的网络安全防范措施，甚至存在使用空口令、弱口令的现象。这使得一些连网工业控制系统在互联网上处于“裸奔”状态，非常容易被他人控制、篡改，潜在风险巨大。据统计，目前美国大约有 7200 个可以直接通过互联网进行操作的关键基础设施控制设备。

三、增强工业控制系统网络与信息安全保障能力的重要性

工业控制系统是能源、水利、轨道交通、装备制造等关键基础设施的大脑和中枢神经，一旦遭到破坏，将严重威胁国家经济安全、政治安全和社会稳定。“震网”等工业控制系统攻击实例业已充分证明了攻击一国关键基础设施的可行性。工业控制系统网络与信息安全成为关键基础设施正常运转、工业生产正常运行的基础保障，有必要增强工业控制系统网络与信息安全保障能力。

第二节　发展现状

一、对工业控制系统网络与信息安全的重视程度不断加大

我国对工业控制系统网络与信息安全的重视程度日渐加深。2014 年 12 月 4 日和 5 日，工业和信息化部在北京组织召开了全国工业控制系统优秀解决方案推广会和工业控制系统信息安全座谈会，中央网信办、国防科工局，工业和信息化部以及各省市及相关企业代表等共计 100 余人出席了会议。会议明确了下一步工作重点：一是开展工业控制系统摸底调查，进一步掌握我国工业控制系统的基本情况；二是支持研究机构建立工业控制系统仿真测试平台，强化工控安全能力建设；三是发挥制度优势，要大力支持国内领先的工业控制系统企业做大做强，促进技术、产业和安全协调发展，营造从市场需求链到创新链、产业链互动发展的良好产业生态系统，推动首台套政策的落实。

二、工业控制系统网络与信息安全政策标准不断出台

自从 2010 年工信部 451 号文发布之后，国内各行各业都对工业控制系统系统安全的认识达到了一个新的高度，电监会出台了《电力二次系统安全防护规定》和《电力工业控制系统信息安全专项监管工作方案》，国家烟草局出台了《烟草工业企业生产区与管理区网络互联安全规范》等相关政策文件；国家标准相关的

组织TC260、TC124等标准组也已经启动了相应标准的研究制定工作，正在草拟相关标准主要包括：《信息安全技术 工业控制系统安全管理基本要求》、《安全可控信息系统（电力系统）安全指标体系》、《信息安全技术 工业控制系统信息安全检查指南》、《信息安全技术 工业控制系统安全防护技术要求和测试评价方法》、《信息安全技术 工业控制系统信息安全分级规范》、《信息安全技术 工业控制系统测控终端安全要求》、《工业控制系统信息安全等级保护设计技术指南》等。2014年末，推荐性国标《GB/T 30976.1-2014—工业控制系统信息安全第1部分：评估规范》、《GB/T 30976.2-2014—工业控制系统信息安全第2部分：验收规范》正式出台。

三、工业控制系统网络与信息安全厂商取得一定发展

工业控制系统网络与信息安全是一项全新的工作，目前国内既有传统工业控制系统厂商延伸提供安全服务，也有传统网络安全厂商向工业控制系统领域拓展的案例。前者包括：中国电子信息产业集团华北计算机系统工程研究所，该研究所近几年比较重视工业控制系统安全研究及产品开发方面的工作，已建立了工业控制系统网络与信息安全国家重点工程实验室，并正在进行工业控制系统防火墙等产品的开发。和利时近年来在工业控制系统系统安全方面因用户需求的驱动，也有较大的投入，建立了专门的工业控制系统安全团队，积极参与工业控制系统安全相关国家标准的制定工作。浙大中控集团在2013年经国家发改委批准成立了“浙江大学工业控制系统安全技术国家工程实验室”，重点针对炼油、化工、电力、水厂、交通等基础设施工业控制系统漏洞暴露的问题及用户的实际安全需求，建设工业控制系统安全技术研发与工程化平台，开展工业控制系统安全脆弱性分析、安全防护、安全评估、安全渗透与对抗等关键技术、产品的研发及产业化。北京力控华康科技有限公司具有一定的工业领域行业经验，拥有工业控制系统行业监控软件和工业协议分析处理的相关技术。推出了适用于工业控制系统的工业隔离网关、工业通信网关和工业防火墙等系列产品，目前在冶金、石化等行业有一定的用户群。后者主要包括：北京神州绿盟科技股份有限公司是国内著名的网络安全厂商，拥有完善的网络安全产品线和强大的技术服务能力，承担了国家发改委的安全专项——工控审计系统的研发及产业化项目，成功开发了工控漏洞扫描系统、工控安全审计系统等两款专业化的工控安全产品。启明星辰也是国内著

名的网络安全厂商之一，近年来在公司内部成立专门的工控安全研究团队，参与了工控安全相关的多项国家标准的起草与制定工作。在烟草、电力、化工等方面也有相应的项目实践经验。中科网威成立了“网威工业控制系统网络与信息安全实验室”，主要工作是开展面向工业控制系统领域的网络脆弱性研究，中科网威关于工控安全的主要产品包括工控防火墙（NP-ISG6000/4000/2000）、工控网络安全日志服务器产品、工控网络资产安全风险监测产品、工控网络异常检测系统等。

第三节　面临的主要问题

一、核心技术产品依赖国外

我国工业控制系统产品多来自国外。据统计，我国采用的数据采集及监视控制（SCADA）系统中，国外数据库软件占84.7%，服务器产品占93.9%，其他硬件产品占75.5%；分布式控制（DCS）系统中，年销售额100亿以上的大型企业的DCS系统国产化率不到20%，国外知名品牌西门子、霍尼韦尔等的产品在大型、关键项目中的优势明显；可编程逻辑控制器（PLC）系统中，国外厂商几乎垄断了国内市场，占据了99%以上的份额，其中西门子占据近一半的市场。不了解其系统架构，不掌握其中是否存在后门、漏洞，一旦国际局势变化，将严重威胁我国家安全。

二、工业控制系统网络与信息安全保障体系尚不完善

与传统的信息系统网络安全不同，工业控制系统网络与信息安全往往不能停机检测，传统的网络安全检测手段不能简单照搬到工业控制系统。我国工业控制系统网络与信息安全工作起步较晚，技术基础薄弱，相关行业配套设施还不足；工业控制系统安全是一个交叉学科的领域，相关领域内的企业和人才都比较缺乏，人才队伍建设滞后；从国家已出台的工业控制系统安全方面的相关政策看，更多的是引导企业在大的框架和指导下进行工作，对于企业是否按照要求进行工作，还缺乏相关的监管机制；工业控制系统网络与信息安全立法工作尚未启动，相关工作缺乏充分的法律依据；工业控制系统网络与信息安全标准制定工作各自为战，各标准之间不能有效对接，甚至存在相互矛盾的情况。

三、工业控制系统管理人员安全意识不足

在相关行业工业控制系统运维过程中，缺乏有效统筹的管理人员和专门网络安全管理人员。负责信息的人员进行相关的信息系统的运维和与调度中心通信的远动系统的运维；负责控制的人员，进行主要的控制系统如 DCS 和 PLC 的运维；但在网络安全方面一般是没有固定的人员。对于网络安全问题，各级人员在意识上普遍不够重视。而且在应对突发的网络安全事件时，没有专人负责，造成应急响应能力普遍缺乏。

第二十五章 金融领域网络安全

第一节 概述

一、相关概念

（一）金融信息系统及特点

金融信息系统是指银行、证券等金融机构运用现代信息、通信技术集成处理业务、经营管理和内部控制的系统，包括以处理金融行业信息流为目的、保障金融业务正常运转的计算机硬件、网络和通讯设备、计算机软件、金融信息资源等。金融信息系统是一个巨型人机系统，其结构比较复杂、技术较为密集、数据至关重要、用户数量众多，随着金融行业网络业务拓展速度不断加快，已经外延至相应的网络和客户端。

金融信息系统中处理的数据具有更高的时效性和敏感性，与一般信息系统相比，金融信息系统具有以下特点。

一是及时性、有效性。金融信息系统只有缩短资金在途时间、提高资金使用效率，才能充分发挥资金效益。为此，金融信息系统必须具有高精度、高速度、高容量的物质基础。

二是安全性、可靠性。为确保准确、可靠，金融信息系统必须加强包括数据采集、录入、加工、处理、存储、传输等全过程在内的措施的安全保障能力，同时金融信息系统必须确保客户网络安全。

三是连续性、可扩性。金融信息系统不仅须满足传统金融业务的需求，还须确保传统业务向信息系统的安全过渡，业务连续性显得尤为重要。

四是开放性、多功能性。金融信息系统不仅涉及金融业内部的活动信息，也受到外部网络和信息系统的影响。为此，金融信息系统应具有广泛收集、处理、存储、传输大量数据信息的能力，即具有开放性。其功能也往往涵盖网上银行、手机银行、证券等多种功能。

（二）金融领域网络安全的内涵

金融领域网络安全，主要是指与金融信息系统相关的网络安全，通过密码学、身份认证、访问控制、应用安全协议等网络安全技术来保护金融信息系统安全，并及时发现、纠正系统运行中的安全问题，从而保障金融业务的顺利开展。

从技术层面看，金融领域网络安全主要涉及以下几方面：一是实体安全，即围绕金融信息系统的物理设施及其有关信息的安全。包括金融信息系统的机密性、可用性、完整性、生存性、稳定性、可靠性等基本网络安全属性，以及金融信息系统在抗电磁辐射、抗恶劣工作环境等方面的安全问题。二是运行安全，指金融信息系统运行过程和运行状态的安全。包括金融信息系统运行中的稳定性、可用性以及有效的访问控制和抗网络攻击性等。三是数据安全。数据安全对金融领域网络安全至关重要。金融数据包括用户姓名、身份、账号、款项出入等信息，直接关系金融用户运转、交易，具有更高的保密性要求。四是系统安全，系统本身安全关乎整个金融领域的网络安全。信息系统安全是业务安全的根本，金融信息系统本身存在的漏洞、后门等信息安全被激活后，可能导致金融系统出现不可预计的崩溃现象，进而引起业务瘫痪。

从应用层面看，金融领域网络安全主要包括三个方面：一是服务端安全，主要包括技术漏洞，以及来自业务操作层和流程风险漏洞。二是客户端安全，客户端用户群体庞大，安全意识参差不齐，很容易被网银攻击者植入木马等。三是通信通道的安全，也即网络安全，主要指数据等信息的安全传输。

（三）金融行业网络安全的特点

一是交易真实性、完整性。在金融行业的业务交互过程中，包括主体确认、交易数据信息确认等完整交易的真实性与唯一性非常关键。系统不可用最多给用户带来使用上的不便，若交易过程中出现身份诈骗，交易数据不完整，将直接影响用户利益。

二是金融数据集中加剧了行业网络安全风险。随着银行、证券等金融行业数据中心的建设，金融行业的数据进一步汇集，数据中心的安全对整个金融系统安全至关重要。

三是金融网络安全形势复杂，网络犯罪形式多样。随着金融信息化设施的复杂程度不断提高，针对金融业务和金融网络的违法犯罪活动呈快速发展趋势，金融行业面临的网络安全形势越来越复杂。统计表明，我国利用网络进行各类违法犯罪的行为正以每年 30% 的速度递增，其中银行、证券机构是黑客攻击的重点，网络已经成为犯罪分子抢劫银行、破坏金融秩序的工具。一方面，犯罪分子通过病毒、木马窃取互联网用户的金融账号、密码等敏感信息，进而窃取用户资产；另一方面，犯罪分子直接对金融机构进行攻击，通过修改银行卡信息等对金融机构进行窃取。

二、金融领域面临的网络安全挑战

一是传统互联网威胁向金融领域辐射。金融领域应用的信息系统、产品等在设计之初，并未充分考虑网络安全需求。随着电子商务的快速发展，在线支付、在线结算等金融业务与互联网的结合日益紧密，病毒、木马等传统互联网威胁已经危及金融领域安全。据赛门铁克 2014 年初发布的《揭露金融木马的世界》白皮书，2013 年全球范围内超过 1400 多家金融机构被金融木马攻击，与 2013 年的 600 家金融机构遭受攻击相比，比例上升了 133%。攻击范围覆盖全球 88 个国家和地区，其中美国是受攻击最多的国家，且目标范围正在向中东、亚洲等地区蔓延。并且金融系统的攻击由以前的对传统信息系统的攻击开始向对移动设备攻击发展。尽管当前金融领域网络安全技术取得了很大的改进，但当前采用的安全措施仍然不足以防范传统互联网威胁。同时，据国家权威网络安全漏洞库统计，截至 2014 年 12 月底，全球共存在 72498 个漏洞可被黑客攻击利用，进而控制和破坏重要信息系统。中国国家互联网应急中心抽样监测则显示，2014 年我国境内被篡改网站达 36969 个，较 2013 年增长 53.8%；被植入后门的网站达到 40186 个，其中位于美国的 4761 个 IP 地址通过植入后门控制了我国境内 5580 个网站，侵入网站数量居首位。这些潜在的安全隐患，一旦变成事实，将给中国金融系统乃至国家安全带来不可想象的损害。

二是新技术的应用使金融行业网络安全面临更大挑战。移动互联网、云计算、下一代互联网和大数据等新兴技术的蓬勃发展，极大地促进了信息的共享，改变着经济社会的运行方式。但是由此而来的网络安全威胁对整个金融行业的网络安全带来更大挑战。在移动互联网领域，移动终端恶意软件数量暴增，腾讯移动安全实验室统计数据显示，2014 年全球手机支付类病毒包累计达到 18.46 万个，且 2014 年每月呈现递增趋势，在 2014 年 12 月，支付类病毒包达到年度最高峰值，病毒包数量达到 184576 个。支付类病毒最大特征是上传手机信息，转发、删除、监听短信。其中上传隐私数据、静默删除和转发短信行为分别占到 38.99% 与 29.31%。手机病毒黑色产业链进一步强化，病毒攻击技术与攻击方式也得到广泛提升，针对网银、移动支付、汇款等敏感财产信息进行收集窃取等新的特征显露，安全威胁持续加大。大数据分析技术已经在我国金融行业广泛应用，我国目前有大量地理数据、经济运行数据、金融数据被外企所掌握，如谷歌、沃尔玛、彭博社、路透社等企业，大数据分析技术能够窃取这些数据中所隐含一些关键信息。云计算由于其用户、信息资源的高度集中，带来的安全事件后果与风险也较传统应用高出很多，甚至影响经济安全。2014 年 8 月 19 日，据彭博社报道，微软云计算服务 Azure 的主要组件周一发生全球大范围宕机。原因是位于全球多个数据中心的至少 6 个主要 Azure 组件无法提供服务。Azure 允许企业获取计算资源，通过互联网运行程序之前也遭遇过其他宕机问题。金融业信息系统已经遭受到多次攻击，整体网络安全形势严峻。据报道，我国有 84.8% 的网民遇到过网络信息安全事件，总人数达 4.56 亿，涉及直接经济损失高达 194 亿元。

三是金融机构成为网络攻击的重点目标。对金融机构进行网络攻击，不仅能够攫取直接的经济利益，还能破坏一国的金融秩序，金融机构成为网络犯罪分子、恐怖分子以及国家对抗的重点目标。近年来，针对金融机构的网络攻击事件频频发生，整体网络安全形势严峻。2014 年 3 月，国内具有较大影响力的 P2P 网络借贷平台“网贷之家”官网持续多日受到黑客的严重恶意攻击，持续 10 分钟的 30G 流量攻击，同时数万 IP 遭到 CC 攻击，短短几小时内连续攻击次数达 6 亿次。从我国银行系统遭受攻击的情况来看，黑客行为将主要产生两方面的后果：一是影响银行业务系统的正常平稳运转，二是通过入侵银行客户系统，实施金融诈骗。前者如 2014 年黑客对美国摩根大通等多家银行的攻击，致使用户无法使用业务系统，且大量业务及用户数据被盗；后者较为典型的案例是伪造银行卡，通过购物变现等方式实施金融诈骗，据公安部相关统计称，近三年来我国的银行卡诈骗案件处于高发状态，立案数目每年都在 2 万起以上，于 2014 年破获的“12・18”

专案中，4名台湾人员在内地伪造银行卡800余张，涉案金额达800余万元。针对金融机构的网络攻击不仅严重干扰我国金融秩序，还会影响民众的正常生活、破坏经济正常运转，甚至危及国家安全。

四是网络成为犯罪分子劫掠金钱的新途径。网络模糊了传统金融领域的界限，为犯罪分子"开辟"了新途径。由于地下黑色产业链的发展，网络洗钱和网上支付诈骗也成为愈发严重的社会问题。2014年5月，腾讯雷霆行动联合广州警方成功抓获11人的犯罪团伙，该团伙通过网络入侵的手段盗取多个网站的数据库，并将得到的数据在其他网站上尝试登陆，经过大量冲撞比对后非法获得公民个人信息和银行卡资料数百万条，最后通过出售信息、网上盗窃等犯罪方式，非法获利1400余万元。

五是虚拟货币成为犯罪分子洗钱的新渠道。随着网络经济的活跃，比特币等虚拟货币与实体货币之间已经建立起了某种兑换关系，这也为洗钱等传统金融犯罪活动提供了新渠道。比特币交易可以完全以匿名的方式进行，一旦交易完成就可以随时轻松销号。犯罪分子将非法所得兑换成虚拟货币，能够有效切断资金追踪链条,此外由于网络安全漏洞比特币本身额交易也存在诈骗行为。2014年2月，交易软件Mt. Gox由于发现存在严重安全漏洞，遭黑客入侵，损失了约价值5亿美元的比特币，被迫停止交易。2014年底广州侦破首例P2P诈骗案，被骗人员达5000人，总金额高达6800万元。截至2014年底全球网络金融犯罪已超过3亿美元，超过贩毒金额。

三、金融领域网络安全的重要性

金融行业网络安全直接关系社会经济的正常运转和社会稳定。在金融行业所面临的各种风险中，网络安全风险是唯一能够导致金融机构全部业务瞬间瘫痪的风险。任何一家机构的核心业务系统短时间停止运行，会直接影响其开展基本业务，较长时间停止运行，就将对机构及整个金融业声誉造成很大损失，甚至因风险传递、扩散而影响到整个金融体系的稳定。而金融系统作为社会经济核心的基础行业系统，遇到系统瘫痪或故障时，其自身的迅速恢复和稳定运行，对于社会经济的正常运转和社会稳定有着极其重要的作用。

第二节　发展现状

一、我国政府对金融行业网络安全的重视程度不断提高

近年来，金融行业的网络安全事件频频发生，国家对金融行业网络安全的重视程度也不断提高。从政策方面看，党和国家领导人多次就金融行业网络安全做出重要指示，要求金融业研究和把握发展规律，努力提高信息安全保障水平，坚决打击危害金融网络安全的犯罪活动。2014 年 9 月银监会下发了《关于应用安全可控信息技术加强银行业网络安全和信息化建设的指导意见》，明确指出五年之内“安全可控信息技术在银行业总体达到 75% 左右的使用率”；并且在主要措施中明确要求建立审查制度和风险评估机制，尤其是针对运维、外包供应链的风险控制应当加强。2014 年银监会还发布了《银行业应用安全可控信息技术推进指南（2014—2015）》加大对金融行业网络安全政策指导。2014 年，国家发改委、工信部等部门重点支持商业银行、信息安全专业机构、行业主管部门对电子银行系统联合开展金融领域钓鱼网站和金融诈骗事件安全应急保障试点示范，探索银行、机构和政府部门合作的新模式，建立联合处置、及时有效的应急保障机制。

二、初步建立以“一行三会”为主的网络安全保障组织机制

人民银行着重健全金融信息安全保障体系，联合公安部、安全部、工业和信息化部、电监会四部委共同制定《金融业信息安全协调工作预案》，发布《网络和信息系统应急预案编制指引》，针对区域性电力和通信中断建立联合预警、快速处置流程，并指导省级区域建立信息安全应急协调机制。银监会将金融业信息技术风险纳入审慎监管整体框架。以《商业银行信息科技风险管理指引》为核心，建立了针对突发事件、业务连续性、科技外包等的监管制度；同时建立与公安机关、中国银联、电力、电信、证券等部门以及重要信息系统服务商的安全突发事件应急协调机制，加强情报交流与技术协作，提高信息安全协同保障能力。证监会制定并采取了“纵深防御，平战结合”的防护策略。在建立健全信息安全监管制度的同时，推进行业技术基础设施建设，实现了全行业数据集中备份，在应急响应方面开展网络安全应急演练，不断提高应急处置能力。保监会在落实国家信息安

全等级保护的基础上从多方面加强信息安全监管体系建设。一方面建立跨部委合作机制，制定应急协调预案，加强安全协调与通报工作。另一方面开展2014年度保险业信息系统安全大检查，查补漏洞，提高应急处置能力。

三、金融行业技术保障能力不断加强，行业标准不断完善

目前密码技术在金融行业信息安全保障中发挥着重要作用。一方面，当前基于PKI的网络安全产品已经成为保障我国金融行业网络安全的有力武器。金融机构利用PKI机制可以实现用户身份的鉴别，基于PKI技术的数字证书已经成为保障网络金融交易的主要工具。通过PKI技术加强身份认证、严格控制登录者的操作权限，实现对操作系统和应用系统严格的授权管理和访问控制机制。同时，通过采用服务器证书实现对网站的可信性认证，有效防范钓鱼等金融诈骗。另一方面，手机短信、动态令牌等安全产品也一定程度上保障了金融交易的安全，并得到广泛应用。此外，人民银行还针对RSA1024算法破解、数据同步机制促发系统停机、云灾备安全风险、支付空间的漏洞、银行卡交易信息截取等方面的问题进行了研究。

在标准方面，金融业已形成移动支付、信息安全等级保护等方面的系列标准。在人民银行的积极研究规划下，现已形成涵盖应用基础、安全保障、设备、支付应用、联网通用5大类35项标准的中国金融移动支付标准规范体系。同时，人民银行依据《信息安全等级保护管理办法》，出台了《中国人民银行关于银行业金融机构信息系统安全等级保护定级的指导意见》，并发布了《金融行业信息系统信息安全等级保护实施指引》、《金融行业信息安全等级保护测评服务安全指引》、《金融行业信息系统信息安全等级保护测评指南》三项行业标准，在采用《信息系统信息安全等级保护基本要求》的590项基本要求的基础上，补充细化基本要求项193项，新增行业特色要求项269项，为金融行业开展关键信息系统信息安全等级保护实施工作奠定了坚实基础。2014年6月，国务院关于加强金融监管防范金融风险工作情况的报告提出，要建立健全金融信息安全标准体系，推进金融基础设施现代化，维护国家金融信息安全。

第三节　面临的主要问题

一、金融领域核心软硬件被国外垄断，严重威胁行业网络安全

当前，金融、能源、交通等涉及国计民生的领域对信息网络的依赖性不断加大，核心软硬件受制于人引发的网络安全隐患不断加深，其中又以金融领域最为严重。在网络设备方面，中国四大银行及各城市商业银行的数据中心大都采用思科设备，思科所占中国金融行业市场份额高达70%以上。在大型机方面，中国各大银行也严重依赖IBM,导致我国在设备采购价格上往往无法与IBM进行协商，当前我国关键应用大型机系统平均售价已经达到了美国的2.4倍。目前，我国金融系统的网络基础设施、大型机、小型机、存储设备、芯片、数据库、操作系统、核心业务系统等都被国外垄断。另据统计，中国金融行业CSR（存取款一体机）市场被日立、OKI等日产设备垄断，核心模块设备80%以上的市场份额被日本相关品牌占据。换句话说，中国人每存取10张钱，就有8张处在日本产品的识别处理及监控之下。

金融行业核心软硬件被国外垄断，使得我国金融系统很容易被国外敌对势力掌控，严重威胁我国金融行业网络安全。其主要通过四种手段窃取银行数据：一是利用维护之便，使用专用工具；二是利用故障分析时提供的最高系统权限；三是利用进入银行要害区域的机会，通过偷拍等方式窃取网络拓扑图、技术方案等敏感信息；四是对回收的硬盘进行分析。可见，金融领域核心软硬件被国外垄断，是我国金融行业网络安全面临的最大问题。

二、金融行业服务外包高度依赖外部厂商，加大了风险控制难度

目前金融行业服务外包高度依赖外部厂商，尤其是政策性银行、股份制银行和外资参股的中小金融机构，为节约成为、提高效率和规模、加快扩张速度，服务外包时高度依赖外部厂商。这种状况，容易导致极大的网络安全风险。其一是信息泄漏，在外包逐渐深化过程中，金融机构逐步将自己的，甚至全部的关键信息提供给服务提供商去管理维护和开发，这些金融机构的敏感信息、核心技术就存在泄密的可能性，一旦被竞争对手或者敌对势力获取，将带来严重后果。其二

是服务提供商在工作中越俎代庖，封闭执行全部工作，不向金融机构提供关键技术，造成金融机构对服务提供商的高度依赖。其三是随着金融企业信息技术平台交由IT服务提供商来管理，如骨干网络系统管理、业务系统运维和管理、业务系统开发与维护、数据备份及异地灾难恢复等，一旦发生问题，金融企业就处于被动地位，故障无法及时处理，风险难以得到控制，极易扩大问题的影响面从而引发大的网络安全事件。

三、金融业务系统事故频发，业务系统风险控制水平有待提高

分析当前发生的金融系统网络安全事件，几乎发生事故的信息系统都完全满足风险控制的要求，比如ISO27000标准，并具备完整的风险评估报告和应急预案，但网络安全风险多种多样，网络安全事故仍不断发生。2014年7月，宁夏银行核心系统数据库出现故障，导致该行（含异地分支机构）存取款、转账支付、借记卡、网上银行、ATM和POS业务全部中断，持续时间长达37小时。9月，交通银行系统出现故障，突出表现为ATM机“吞卡不吐钱”、“账户信息被清零”等问题，随后交通银行就系统故障致歉，据媒体统计，2006年到2014年间交通银行被曝发生三次系统故障。2014年11月，西北大宗商品交易中心发布公告称，因银行系统结算数据传送出现问题，导致交易中心结算异常。实际上，民生银行于2010年、工商银行于2013年也都发生过核心系统事故。金融行业在IT技术和风险管控上相对比较先进，特别是工商银行、民生银行、交通银行这些大型国有商业银行，但安全问题仍频繁发生，充分暴露出我国银行业信息系统的脆弱性，我国金融系统特别是在业务连续性规划、业务恢复机制、风险化解和转移措施、技术恢复方案等方面存在明显的“短板”。

热 点 篇

第二十六章　网络攻击

第一节　热点事件

一、1·21中国互联网DNS大劫难

2014年1月21日下午15:20，中国通用顶级域根服务器出现异常，众多网站出现DNS解析故障，网站被访问时会自动跳转到65.49.2.178这一IP地址，导致我国境内大量互联网用户无法正常访问“.com”、“.net”域名的网站。中国国家互联网应急中心第一时间启动应急响应机制，协调技术支撑单位进行调查和应急处置，相关问题于下午16:50左右得到基本解决。中国国家互联网应急中心表示，根据已掌握的数据判断，该事件的发生主要是由于网络攻击引发的国际顶级域名解析异常。调查显示，此次事故至少影响到2/3的国内网站，超过85%的用户遭遇DNS故障，致使部分地区用户“断网”现象持续数小时。万网官方称此次故障影响范围和严重程度均属国内首次，可以确定与域名服务商无关。金山毒霸安全专家认为，此事件极可能是人为的黑客攻击行为。

二、中越爆发网络战

2014年5月12日，据越南媒体报道，越南黑客攻击了多个中国政府网站以抗议中国在西沙开展作业，而后百余个越南网站受到中国黑客的反击，由于越南网站相对防护能力更弱，最后越南反而更多的网站被攻陷。越南军事科学院“信息技术中心”的一名成员称越南黑客应该为自己的行为负责，并呼吁越南黑客停止针对中国网站的攻击。网络问题专家秦安表示，网络安全已经成为国家安全的一个重要组成部分，在中越争议期间，部分越南网络黑客趁机挑事，随后一些中

国黑客对此进行还击，属个人行为，网络黑客大都是一些喜欢研究网络技术的热血青年，遇到有人挑事肯定会进行回击，从国家关系角度来说，网络上的相互攻击并不利于中越发展。

三、UCloud北京BGP-A机房遭到攻击

2014 年 5 月 26 日，UCloud 发表声明称，UCloud 北京 BGP-A 机房于 5 月 25 日 20 点 18 分遭受人为 DDoS 攻击。经有关部门调查，攻击者调用几十万台肉鸡进行攻击，攻击流量达到 63G，严重影响部分用户的正常使用。UCloud 已联合运营商、安全厂商进行修复，攻击已于 5 月 26 日凌晨 0:02 被成功抵御，网段已被隔离。针对此次事件受到影响的用户，UCloud 根据相关协议将履行相应的赔偿措施。为保障中国互联网的有序发展，打击互联网恐怖袭击事件，UCloud 宣布投入 1000 万作为互联网安全基金，为中国互联网创业者打造一个安全、稳定的互联网环境。

四、温州“8·1有线电视网被攻击”

2014 年 8 月 1 日晚，温州市区部分区域有线电视用户机顶盒遭黑客攻击，向温州鹿城、瓯海、龙湾等地的 15.98 万有线电视用户推送非法图文信息，致使这些地区出现 5 个多小时的收视异常。9 月 11 日，涉嫌破坏计算机信息系统安全犯罪嫌疑人王某被温州市检察院批捕，王某是北京某信息技术公司工程师，为泄私愤利用职务便利报复原所在公司，对该公司承建的温州有线电视网络系统进行破坏。

五、“匿名者”攻击中国政府网站

2014 年 10 月 12 日，黑客组织“匿名者”为表示对香港非法“占中”活动的支持，先后三次公布入侵中国多个政府网站后获得的大量机密数据。12 日凌晨 0 点，“匿名者”入侵 52 个中国政府网站并盗取 4 万多个电邮账户的私人资料和密码，并于 0 点 40 分公布了首批中国政府网站内部数据资料，于 1 点 20 分公布了第二批声称获得的中国政府网站数据库内的资料，包括 3265 封电邮及大量姓名和手机号码等，于凌晨 1 点 45 分公布的第三批资料则主要是来自域名为 nftz.gov.cn 的网站数据库内的大量电邮、密码和姓名等资料，该域名属于浙江省宁波市保税区管理委员会的官方网站。

六、阿里云称遭全球互联网史上最大黑客攻击

2014 年 12 月 24 日，阿里云发布声明称，部署在阿里云上的一家知名游戏公司于 12 月 20—21 日遭遇了全球互联网史上最大的一次 DDoS 攻击，攻击时间长达 14 个小时，攻击峰值流量达到每秒 453.8Gb。阿里云称其帮助客户成功抵御此次攻击，表达了继续为游戏、互联网金融等客户保驾护航的决心，同时对这次黑客攻击行为表示谴责，并呼吁所有互联网创新企业共同抵制黑客行为。

第二节　热点评析

2014 年，针对我国的各类网络攻击行为继续增多，造成的影响不断加大，网络安全形势日趋严峻。总体看来，网络攻击呈现出以下三个特点：

一是巨大的影响力成为网络攻击的目标之一。一方面，越来越多的网络攻击以巨大的影响力为重要目标，如中越网络战、“占中”支持者等有明确政治背景的网络攻击事件必然以扩大影响力为目标，政府网站等成为其攻击主要目标；另一方面，很多网络攻击的目标定位于重要基础设施，一旦成功就会产生严重后果，如 1·21 中国互联网 DNS 事件，和温州“8·1 有线电视网被攻击案”中，黑客攻击对象是域名服务器和广播电视网，给社会造成的影响巨大。

二是网络攻击的技术手段不断升级。虽然 DDoS 攻击还是网络攻击中最常见的攻击形式，但其从攻击技术和规模上不断升级，如阿里云遭受 DDoS 攻击被称为全球互联网史上最大的一次，攻击峰值流量达到每秒 453.8Gb。

三是国际政治成为网络攻击的重要原因。当前，网络空间已经成为表达政治观点的重要场所，黑客攻击就是各方力量表达观点的一种重要手段，如中越南海争端、香港“占中”事件都伴随着激烈的网络攻击，类似“匿名者”这种打着政治目的大肆发动网络攻击的黑客组织不断出现，给国际网络空间安全带来诸多不安定因素。

第二十七章　信息泄露

第一节　主要热点事件

一、支付宝前员工贩卖20G用户资料

2014年1月，支付宝信息泄露事件引发舆论波澜。据媒体报道，阿里巴巴旗下支付宝的前技术员工利用工作之便，在2010年曾分多次在公司后台下载了支付宝用户的资料内容超20G，并将这些用户信息分析、提炼后有偿出售给一些电商公司、数据公司。支付宝发布声明称，泄露的信息只有2010年以前的交易信息，不包括密码等敏感信息。据涉案的某电商公司透露，他们所购的支付宝用户资料涉及用户的实名、手机号码、电子邮箱、家庭住址及消费记录等。

二、携程系统漏洞导致用户支付信息泄露

2014年3月22日，乌云漏洞平台发布消息称携程系统存在可能导致用户支付信息泄露的技术漏洞。乌云漏洞平台信息显示，携程将用于处理用户支付的服务接口开启了调试功能，致使部分持卡所有者向银行验证接口传输的数据包直接保存在本地服务器，且这些信息以明文形式存在，因而导致所有支付过程中的相关信息可以被黑客获取，或导致大量用户银行卡信息泄露，携程泄露的信息包括：信用卡持卡人姓名、身份证、银行卡卡号、类别、银行卡CVV码以及银行卡6位Bin。根据银联2008年发布的《银联卡收单机构账户信息安全管理标准》规定，各收单机构系统不得存储银行卡磁道信息、卡片验证码、个人标识代码（PIN）及卡片有效期等敏感账户信息，携程记录用户信用卡信息属于“过度收集信息行为”。

三、小米论坛800万用户注册数据泄露

2014 年 5 月 14 日，乌云发布证实小米论坛 800 万用户数据泄露，并将疑似泄露的小米论坛用户数据库交给官方，乌云漏洞平台提示用户及时修改密码，避免影响到小米云导致手机敏感信息泄露。小米安全中心第一时间进行了全面安全检查，表示确有部分 2012 年 8 月前注册的论坛账号信息被非法获取，但这部分账号信息进行了严格加密，可能存在风险的只有其中一小部分。对于此次数据泄露的原因，小米安全中心在回应中并未提及。

四、大二黑客贩卖1400万条信息

2014 年 6 月 17 日，杭州下沙警方破获一起非法获取、出售公民信息案。该案的主犯葛某是大二计算机网络专业学生，在业余时间为网站服务器做安全测试，发现网站漏洞后上报给网站。他发现两家大型物流公司网站的漏洞并于 3—4 月利用网站漏洞数次攻击这两家网站，下载大量物流面单信息，非法获取公民个人信息 1400 多万条，这些信息包括物流公司的编码、收货方的姓名、联系电话和住址，葛某将这些真实信息打包发送给莫某。葛某和莫某因涉嫌非法获取、出售公民个人信息罪被依法刑拘。

五、130万考研学生信息被出售

2014 年 11 月，2015 年全国硕士研究生招生考试前一个月，网上出现售卖考研用户信息的情况，涉及用户数量高达 130 万人，数据包括考研者名字、性别、手机号码、座机号码、身份证号、家庭住址、邮编、学校、报考专业等信息，130 万用户信息卖家打包价是 1.5 万元。很多考生接到出售考题、答案和参加补习班的电话，网友怀疑考研报名的这个数据库信息已被购买。乌云网联合创始人孟卓认为，信息泄露可能出现的环节很多，比如系统漏洞导致的泄露，也有可能是内部原因比如管理不当等导致的。

六、12306泄露用户信息13万余条

2014 年 12 月 25 日，乌云漏洞平台发布 12306 的漏洞，该漏洞可能造成用户账号、明文密码、身份证及邮箱等敏感信息泄露，并称 12306 用户数据泄露已超过 13 万条。中国铁路客户服务中心回应称，泄露信息全部含有用户的明文密码，12306 数据库中的所有用户密码均为多次加密的非明文转换码，网上泄露的用户

信息系经其他网站或渠道流出。12306网站还提醒旅客，不要使用第三方抢票软件或委托第三方网站购票，以防个人身份信息外泄。铁路公安机关已于12月25日晚抓获涉嫌窃取和泄露他人信息的犯罪嫌疑人，他们是通过收集某游戏网站以及多个网站泄露的用户名和密码，并尝试登录其他网站进行“撞库”，以非法获取用户其他信息，谋取非法利益。

第二节 热点评析

2014年我国信息泄露事件多发，且信息泄露规模不断扩大。截至2014年12月，我国网民规模已达6.49亿，网民对互联网依赖程度也不断提高，网上购物、网上购票等行为不断增加，网络上留存个人信息也大幅增加，这也意味着信息泄露的风险也在不断加大。支付宝、携程、12306等信息系统涉及用户数量大且用户信息内容丰富，包括用户的实名、性别、手机号、身份证号、银行卡卡号、消费记录、电子邮箱、家庭住址等，一旦出现大规模信息泄露就会造成严重的社会影响，给广大民众的生活带来不便，甚至造成严重的财产损失等后果。

导致大规模真实信息泄露的原因主要有两方面：一是内部人员信息倒卖。部分掌握大量用户信息的公司在发展过程中不重视安全管理工作，内部员工很容易在利益驱使下成为信息泄露的源头，支付宝就是这种情况，虽然其目前已经高度重视网络安全，但仍出现了2010年前数据被倒卖的现象，这值得互联网公司重视。二是网络工具和技术手段存在安全漏洞。随着网络空间的迅速发展，网络工具在网民日常生活中必不可少，然而网络工具自身的安全漏洞却为用户埋藏下严重的安全隐患，致使网络用户时刻面临着信息泄露的威胁，携程系统、小米论坛、物流公司等就是这种情况。三是用户安全意识和防护技能不高。当前用户虽然大量使用信息网络，但对网络安全不够重视，并缺乏足够安全意识，如很多用户设定的密码强度低，网络账户使用同一密码，而且经常贪图方便而忽视安全，12306系统用户信息泄露就属于这一情况。

第二十八章　新技术应用安全

第一节　主要热点事件

一、安卓平台首次发现“不死木马”

2014年1月25日,媒体曝光了全球首个针对安卓平台的Bootkit安全威胁——“不死木马”。该木马属于rootkit木马的变种，能够感染系统启动区，在安卓机加载系统的阶段注入内存，全球任何杀毒软件均无法彻底将其清除，即使可以暂时查杀，但在手机重启后，木马又会“复活”。该木马主要通过刷机这一途径感染，目前已经在全球超过35万台移动设备上被检出，其中有92%的被感染设备来源于中国地区。

二、山寨版微信支付以假乱真

2014年5月30日，金山毒霸安全中心截获了一个名为“微信支付大盗”的安卓手机病毒。该病毒伪装成流行的微信应用，其界面设计与微信原版应用几乎一模一样，让用户真假难辨。山寨版微信支付会向受害用户索要姓名、银行卡号、身份证号、银行留存手机号，甚至信用卡的PIN码、有效期、联系地址等敏感信息，将收集到的用户敏感信息偷偷发送到病毒作者指定的电子邮箱，同时它还监听手机短信，将银行发给用户的短信提醒、验证码等内容拦截并窃取，同样发到指定邮箱，拦截此类短信之后，病毒作者在转移受害者银行资金时，受害者将不会收到短信提醒，从而轻松将资金转走。金山毒霸安全中心还发现，几乎所有官方手机网银客户端和支付工具都有山寨版本，总量超过500款，不少山寨软件都暗藏手机病毒，或者内嵌钓鱼网站页面，盗窃网银和支付账号。

三、小米等主流手机被曝存ROOT权限漏洞

2014年6月，据研究人员披露，小米2、三星Galaxy S4、谷歌Nexus4以及华为、联想部分机型存在ROOT权限安全漏洞，即能让攻击者获取手机最高权限的漏洞，该漏洞可以导致手机上的安全软件在遭遇攻击时完全失效。由于手机系统存在的固有漏洞，可以使攻击者通过建立公共WiFi、植入木马程序的方式获取用户手机隐私以及账户信息，进而从银行卡和支付宝账户中盗取现金。研究人员表示，攻击者获得控制权后还能将验证短信完全屏蔽，形同虚设，从而实现恶意转账。

四、数百款世界杯手机应用遭木马病毒恶意篡改

2014年6月18日，360手机安全中心发布巴西世界杯期间的恶意程序黑名单，遭恶意篡改的足球游戏、购彩APP等达数百款。据360手机安全中心统计，有62款世界杯足球游戏类应用被恶意篡改，存在推送广告、窃取手机隐私、后台私自下载软件、私发扣费短信等问题，如被恶意篡改的“3D世界杯”能够窃取用户通讯录信息、偷录通话上传等，124款购彩APP捆绑恶意程序，捆绑的恶意广告插件能够消耗大量手机流量，私自发送恶意扣费短信，造成用户话费损失。

五、SyScan360首破特斯拉智能汽车

2014年7月16日，SyScan360国际前瞻信息安全会议启动了全球首个智能汽车破解挑战赛——特斯拉破解大赛，比赛吸引了众多业界安全人员和在校大学生，最年轻的一组挑战者是浙江大学的2位在校学生。参赛选手们围绕特斯拉系统的浏览器、手机APP和智能引擎系统持续了三轮的模拟入侵，360网络攻防实验室的安全专家现场演示了已发现并提交给特斯拉的应用程序系统漏洞，重现了该漏洞的安全隐患，成功利用电脑实现了远程开锁、鸣笛、闪灯、开启天窗等操作。360公司表示，希望通过破解比赛来提醒智能汽车厂商关注产品设计中的安全问题，加大对安全设计的投入，同时提高用户的安全意识，促使整个汽车产业更好地发展。

六、腾讯云服务器“宕机”

2014年11月2日，据用户反应，腾讯云网站存在响应速度慢、图片打不开、无法登陆管理中心等问题，故障持续的两小时，给部分用户带来损失，用户纷纷

要求腾讯予以赔偿。腾讯云平台部方面表示，此次访问故障主要源于上海和广州机房网络出口抖动，而网络抖动则源于运营商网络信道阻塞，是网络上游的问题，并非机房本身硬件故障，所以无法避免该情况的发生。

第二节 热点评析

随着信息技术的快速发展，云计算、移动互联网、物联网等新技术应用不断拓展，并面临着巨大的安全挑战，安全威胁主要来源于以下三个方面：

一是新技术应用自身存在一定的安全隐患。在移动互联网方面，移动设备自身漏洞不断出现，如小米、三星等主流手机品牌都曝出ROOT权限安全漏洞。在云计算方面，云宕机事件不断发生，如在腾讯云宕机之前，盛大云和阿里云也曾出现故障。在物联网方面，世界已经进行万物互联的时代，车联网等快速发展，但智能汽车本身仍未做好准备，如特斯拉智能汽车自身就存在诸多安全漏洞。

二是新技术应用面临的威胁层出不穷。以移动互联网为例，百度手机卫士数据显示，2014年全国安全平台新增病毒软件数量达到91.7万个，此外，类似山寨版微信支付、被恶意篡改APP等恶意程序更是数不胜数。

三是用户的安全意识不足。新技术新应用给用户带来诸多便利的同时，也给用户带来一些新的安全防护要求，但很多用户不了解或者不重视，仍存在大量不安全的行为，如在公共区域连接免费WiFi、打开未经核实的信息或链接、下载安装来历不明的软件、刷入来历不明的ROM等，这些都容易被攻击者所利用，给用户带来不必要的损失。

第二十九章　信息内容安全

第一节　主要热点事件

一、男青年开设赌博网站敛财高达2.8亿

2014 年 6 月 10 日，技校毕业的 27 岁男青年张伟因开设赌场罪，被法院判处 6 年有期徒刑。2011 年底张伟等人开设“PT816”彩票网站，并于 2012 年 5 月底又开设了类似经营模式“盈丰国际”网站。在 2012 年初至 2013 年 3 月期间，两个“黑彩”网站注册会员高达两万多人，平日在线人数约几百人，投注金额最多时一天可高达 600 余万元。在这一年里，两个赌博网站吸收赌资 2.8 亿元，幕后庄家和网站代理获利将近千万元。经过徐州市网警支队侦查取证，张伟、潘飞等人于 2013 年 3 月相继在成都和北京被抓获。

二、网络推手“边民”获刑6年半

2014 年 7 月 23 日，云南网络推手“边民”（董如彬）犯罪案件一审审理终结，被告董如彬涉嫌非法经营、寻衅滋事两宗罪，被判处有期徒刑六年零六个月，并处罚金人民币 35 万元。董如彬于 2011 年 3 月至 2013 年 5 月间，以营利为目的，先后接受公民黎某某、孙某、孙某某、张某某、钱某的委托，邀约并组织原审被告人侯鹏等人，虚构事实、编造帖文，通过互联网进行发布，并进行恶意炒作，共计收受委托人支付的现金人民币 34.5 万元。并于 2011 年 10 月至 2013 年 3 月间，在“10・5”湄公河案件的处理过程中，利用互联网公共信息平台，编造、散布大量虚假信息，严重混淆视听，扰乱公共秩序。

三、凤凰网客户端被指责传播情色低俗信息

2014年7月，首都互联网协会新闻评议专业委员会公开谴责北京天盈九州网络技术有限公司通过凤凰网新闻客户端传播情色低俗信息。该公司通过凤凰网新闻客户端肆意传播情色低俗信息的行为已严重违反全国启动打击网上淫秽色情信息的“扫黄打非·净网2014”专项行动要求，严重违背新闻职业道德，并涉嫌违反互联网管理相关法律法规。评议专业委员会认为，该公司应对这种危害未成年人身心健康、败坏社会风气的行为向全社会公开道歉，立即改正错误，并依法接受惩处。同时，评议专业委员会呼吁首都互联网行业要担当企业社会责任，全面清理有淫秽色情内容的文字、图片、视频、广告等不良信息。

四、新浪、搜狐等微博、博客平台因“涉黄”被处罚

2014年8月，北京市文化市场行政执法部门通过网络文化市场监控系统进行网络巡察时，发现在新浪微博平台上充斥着大量淫秽色情信息，全部以“长微博”的形式发布，突破了微博140个字的限制，躲避了网站的审核。搜狐博客中有些博主在互联网上登载宣扬黑道文化和暴力的网络小说、淫秽色情游戏，如搜狐的一个博客存在大量淫秽色情有声小说，击次数达到27万余次。执法部门查处了新浪网传播淫秽色情出版物、视听节目案，依法给予北京新浪互联信息服务有限公司罚款508万余元、吊销《互联网出版许可证》的行政处罚。同时，执法部门为加强对违法违规互联网文化活动的整治，对“搜狐”等65家网站给予行政处罚。

五、90后造谣称民生银行武汉分行破产

2014年11月23日，微博上有人发消息称，民生银行武汉分行已经内部宣告破产，相关条文已经发布，银行理财客户50万以上统一赔付50万，该爆炸性消息在网上迅速传开。受网上消息影响，11月24日早盘民生银行领跌银行股，一度下跌至3.51%，随后缓慢抬头截至收盘，收于6.51元，下跌0.61%。对此，民生银行武汉分行在第一时间发布严正声明称是不法分子通过微博恶意捏造发布该分行破产消息，该分行正式向公安机关报案。经查，造谣者是上海一家投资公司的一名90后员工，现已被武汉公安机关抓获。

六、北京一网站传播“血腥暴力”被查获

2014年12月1日，“稀有录像馆”的网站因涉嫌传播血腥暴力恐怖视频、

图片牟利被警方查获。该网站内容包括恐怖图片、禁播视频等6个板块，其中“禁播视频”板块包括大量活人斩首、残害动物、侮辱尸体等血腥暴力恐怖视频和图片。犯罪嫌疑人分别于2012年底和2012年7月，先后租用两台服务器，注册8个“稀有录像馆”网站域名，并搭建网站。网民需以40元的注册费成为网站VIP会员后才可以进行浏览，截至案发“稀有录像馆”实际注册VIP会员已超过万人。北京警方表示，网上传播血腥暴力恐怖音视频属于违法行为，警方将持续加大打击力度，并希望网民自觉抵制。

第二节　热点评析

当前我国已经进入网络时代，网站、论坛、微博、微信等多种社交方式迅速发展，为广大网民提供了良好的传播平台，但与此同时，由于这些网络社交媒体存在隐蔽性强、传播迅速、不易控制等特点，导致其更容易被淫秽色情、网络谣言、暴力信息等利用，并带来严重的社会影响。

信息内容安全主要涉及三类：

一是制造虚假信息。由于网络造谣成本较低，同时其传播速度快等特性又大大提升了其影响力，因此互联网上出现了大量的网络谣言，甚至出现专门以编造、散播网络谣言来盈利的网络推手。这些网络谣言往往以爆炸性消息来吸引眼球，故意制造社会恐慌气氛，如“北京西四环又现不明枪声”、“暴恐分子敲门施暴”、“民生银行武汉分行破产”等网络谣言。

二是传播淫秽色情、血腥暴力等不健康信息。《互联网新闻信息服务管理规定》等国家相关法规规定，不刊载不健康文字和图片，不链接不健康网站，不提供不健康内容搜索，不发送不健康短（彩）信，不开设不健康声讯服务，不登载不健康广告；不运行带有凶杀、色情内容的游戏，不在网站社区、论坛、新闻跟贴、聊天室、博客等中发表、转载违法、庸俗、格调低下的言论、图片、音视频信息，积极营造网络文明新风。然而，凤凰网、新浪、搜狐等信息公共平台为提高自身用户量，增加企业效益，大打擦边球，违反国家规定。

三是开设网络赌场等。由于网站技术门槛低收益高，网络赌博黑色链条中的“黑彩”网站的源代码和相关技术产品都可以从网上购买，召集懂网络技术的人，

并租赁好服务器，就可以开设赌博网站，庄家从“黑彩”中牟取暴利。目前“黑彩”平台因“投入小，返奖率高”，比正规彩票更有吸引力。

展望篇

第三十章　2015年我国网络安全面临的形势

第一节　网络空间国际话语权的争夺更加激烈

国际网络空间“多极化”进程加快，互联网治理改革呼之欲出。2014年，美国正式宣布移交互联网域名和地址分配机构（ICANN）的管理权，世界各主权国家和国际行为体以积极主动的姿态融入到互联网治理的国际大棋局中。欧盟委员会就强调“未来两年是重新划定互联网全球治理版图的关键年份”。2014世界经济论坛就宣布启动“互联网治理倡议”行动，通过创造多利益攸关方都能参与的国际化大平台，进而倾听世界各国的利益诉求，确保互联网治理的全球参与。巴西圣保罗的全球互联网治理大会则发布了《全球互联网多利益攸关方圣保罗声明》,进一步提出了建立“国家级多利益攸关方机制”和八项互联网治理基本原则，为未来互联网治理改革明确了全新的路线图，为今后治理机构的改革方向框定了崭新的行动路线。2015年，随着美国ICANN商业协议的到期，在互联网关键资源治理、网络空间国际规则等问题上，世界各国的争夺将更加激烈。

各国重视网络空间战略谋划，依法治网已成大势所趋。2014年，日本公布了《信息安全研究开发战略》，德国制定了《云计算行动计划》，英国颁布了《网络安全实施纲要》。制定国家层面的宏观网络安全战略已成为各国网络空间治理工作的重点。同时，加大完善网络安全立法任务则是今年的另一项突出特征。在网络空间治理法规方面，世界多国纷纷亮出自己的“金科玉律”和“法律利器”。欧盟修订了《信息保护法案》，俄罗斯通过了信息保护修正法案，日本拟定了加强网络攻击对策的基本法案框架，美国批准了“网络安全信息共享法案”；乌克兰出台了首部网络安全法案草案。世界各国在战略政策与法治设计等方面的密集步骤表明，发达国家和发展中国家在加快网络空间立法治理层面上均迈出了实质性的步骤，网络空间治理理念已成为各国顶层制度设计中的重要安排。

第二节　网络空间安全形势日趋严峻

网络军备竞赛此起彼伏，网络战攻防态势日趋严峻。网络军备竞赛层面，欧洲和北约相继组织了“网络欧洲 2014”、“锁定盾牌 2014”等大规模网络安全演习，以此确保网络攻防整体能力建设。在网军力量建设层面，美国网络司令部明确了网战能力建设的五大重点，网战部队已正式进入实战阶段。同时，日本正式启动“网络防卫队”体制；白俄罗斯首次公开国家网络部队“军事信息安全保护中心”的建设情况，网络对抗态势彰显无遗，网络冲突风险加剧。在网络战攻防较量层面，2014 年的乌克兰危机引发了俄乌两国在网络空间中的激烈对抗，双方的政府网站和电信系统均成为网络攻击的主要目标，低烈度的网络战形态在这场危机中逐渐显现。随后，“索尼事件”和“朝鲜断网事件”更是引发了美朝在网络空间中的相互混战，一场由“捍卫言论自由”所引发的斗争转变成了不同意识形态国家间的网络攻防战争，网络战激烈对抗的后果不容小视。2015 年，随着网络安全威胁日益常态化、复杂化和高级化，各国将逐步加快网络空间军事力量建设。

网络攻击目标范围扩大，数据隐私保护难度加深。2014 年，网络攻击目标从政府机构扩大到民众社会生活各个方面，电信、金融、能源等多个领域均遭受攻击，导致大量个人信息泄露。“韩国电信”官网被频繁攻击，1200 万用户信息遭到盗取；美国电商巨头 eBay 存储全球 1.45 亿用户信息的数据库遭攻击，大量用户隐私数据遭到泄露。同时，黑客组织“匿名者”延续去年的做法，继续对多国政府系统发动网络攻击。例如，6 月对世界杯官方网站实施多轮 DDOS 攻击导致其无法访问，巴西外交部、情报机构、世界杯赞助商等均成为攻击目标，300 多份件被窃取；8 月攻击了包括以色列总理办公室、情报机关“摩萨德”等在内的多个以政府网站，致使其瘫痪而无法正常运行；对美国则发动代号为“报复行动”的大规模 DDOS 攻击，其恶劣影响难以估量。2015 年，针对政府部门机构、基础行业设施和社会民众生活的大量网络攻击行为将更加肆无忌惮，应对网络安全威胁将成为世界各国政府的重要任务。

第三节　网络空间成为大国博弈的主战场

网络摩擦事件密集频发，网络舆论攻势持续不断。黑客攻击和网络监控仍是2014年各国网络空间摩擦与外交斗争的核心议题。西方国家继续利用自身优势频频对发展中国家施压,尤其是频繁就“中国网络威胁论”大肆进行疯狂炒作,“美国起诉中国军官事件”就是这些抹黑炒作中的典型代表，这表明当前的网络空间已成为舆论攻势的新战场，应对网络指责和舆论抹黑已成为各国政府的新任务。同时，斯诺登在2014年还披露称，美国安局在秘密窃取中德韩三国的网络情报，通过向这三个国家派驻情报人员的方式来获取敏感网络数据和秘密通讯信息。而德国方面也被曝出同时监听美国和土耳其这两个北约盟友。各国一旦发现自身被别国监控后都会做出严厉的外交声讨，由网络监听窃密等活动所引发的舆论混战和外交声讨加剧了世界主要国家在网络空间领域的紧张对抗态势。2015年，围绕网络空间安全问题的政治博弈斗争将成为考验世界各国智力智慧的主要斗争形式。

国家间的网络安全合作趋势加强。2014年，美日提出加强双边合作以共同支援亚太地区构建网络防御体系，在电力等关键基础设施领域双方还建立了合作机制，实现了对网络攻击威胁信息的快速共享。日本与以色列开展了网络安全军事情报合作，扩大了双方的交流合作范围。中日韩三国建立了网络安全事务磋商机制，就彼此关心的网络空间合作、网络安全政策和网络规则制定等问题搭建了磋商合作的平台。此外，北约积极探索进行集体网络防御，在《北大西洋公约》第5条的基础上,试图以联盟方式共同应对网络攻击,并在网络治理领域打出“组合拳”，同时北约建立了负责实施网络战的网络空间防御卓越中心，目前已有半数北约成员国加入了该中心。各国在网络空间中的联合化趋势必将成为未来网络安全合作的新常态。

第四节　新技术新应用安全挑战不断加剧

移动互联网安全事件将进一步增加。2015年移动互联网市场规模和用户数量将继续高增长，移动电子商务、移动支付、社交网络等应用快速发展。伴随着移动互联网的高速发展，网络安全问题将更加突出。一是针对安卓设备的网络攻击持续增加。据卡巴斯基统计，2014 年针对安卓设备的攻击是 2013 年的 4 倍，每 5 个安卓用户就有 1 个面临过移动威胁。有机构预测，2015 年针对安卓设备的恶意软件数量将是2014年的2倍。二是移动支付将可能成为网络攻击的新目标，通过挖掘系统漏洞、制造网上银行病毒等，网络犯罪分子可能获取金融敏感信息或劫持账户。三是 BYOD（自带移动设备）的兴起将带来更多针对企业或机构内部网络的攻击。

智能互联设备将成为网络攻击的新目标。当前全球物联网快速发展，越来越多的设备接入网络，车联网、智能家居、可穿戴设备等应用日趋成熟。智能互联设备的应用给用户带来更丰富的体验，但对黑客而言也具有无限的诱惑性，黑客将可能利用这些设备中所处理和储存的数据，执行更复杂、更严重的破坏任务。已有安全研究者利用智能汽车、医疗可穿戴设备的安全漏洞，实现对这些设备的远程控制，对设备使用者人身安全构成威胁。2015 年针对物联网的攻击将可能成为现实，攻击者可能对家庭路由器、智能电视和互联汽车等发起攻击，以获取敏感信息数据，采取进一步破坏行动，但大规模攻击还不会出现。

第五节　网络安全事件影响进一步加大

有组织的大规模网络攻击将不断增加。黑客组织、网络犯罪团体甚至某些国家成为网络攻击的“新玩家”，针对政府部门以及国防、金融、能源、航天、运输等重要行业的企业和机构，实施大规模、持续性的网络攻击行动，窃取敏感信息数据、瘫痪或摧毁重要目标。2015 年这种有组织的大规模网络攻击将更普遍发生。一是美国更多的网络监控和网络攻击行为将遭到曝光，多个国家加快发展网络攻击能力。二是出于政治目的的黑客行动主义将更加泛滥。三是受经济利益驱使，网络犯罪团体将针对有价值目标开展更密集的网络攻击，攻击行为发生频率越来越高。

网络安全事件带来的经济损失将越来越严重。据美国战略和国际问题研究中心报告，网络犯罪每年给全球带来高达 4450 亿美元的经济损失。2015 年，随着网络威胁更为复杂、高级，网络安全事件将带来更大损失。一是针对关键信息基础设施的网络攻击一旦成功，将带来不可估量的影响，能够导致化工厂爆炸、火车碰撞、大面积停电等重大安全事故。二是黑客攻击手段和工具将更为强大，将可对更为复杂的信息系统实施网络攻击，从而造成更大影响和损失。三是随着智能互联设备成为网络攻击的新目标，网络安全事件将不仅造成经济损失，还可能危害设备使用者人身安全。

可能发生更大规模信息泄露事件。近年来，全球大规模数据泄露事件频繁发生，如美国 Target 超市 7000 万客户资料泄露，摩根大通账号资料被窃取，iCloud 泄露出大量好莱坞影星私密照片，国内 12306 用户身份证等敏感信息泄露。据 Verizon《2014 年度数据泄露调查报告》，2014 年全球共发生 63737 起网络安全事件，经确认的数据泄露事件 1367 起。2015 年大规模信息泄露事件可能再次甚至多次发生，掌握大量个人信息的政府机构、大型零售企业、金融机构以及移动应用服务提供商成为信息窃取的重要目标。

工业控制系统的安全风险加大。高级可持续性攻击的目标正在从传统的 IT 系统，转向石油、天然气、航空运输等行业的工业控制系统。近几年大量的实际案例中，这种趋势越来越明显。2015 年，工业控制系统的安全风险将持续加大，美国、欧盟等都在采取措施加强关键领域控制系统的安全保护。而在我国，80% 关键系统都使用了相同的控制系统，由于依赖国外组件、安全意识低、持续接入互联网等原因，更容易受到攻击。

第六节　网络安全市场竞争更加激烈

全球网络安全市场增长迅速。据 Gartner 公司预测，2014 年全球网络安全的支出将达到 711 亿美元，与 2013 年相比同比增长 7.9%，数据丢失防护部门增速创最高纪录，为 18.9%，预计 2015 年网络安全总支出将增长 8.2%，达到 769 亿美元。据 Markets and Markets 报告显示，2014 年到 2019 年间，网络安全市场规模将以 10.3% 的复合年增长率增长，到 2019 年，将增长至 1557.4 亿美元，北美将成为网络安全的最大市场，亚太（APEC）和欧洲、中东、非洲（EMEA）地区的市场牵引力将持续增加，其中，航空航天、国防和情报部门仍然是网络安全解决方案的最大贡献者。

涉及网络安全公司的并购活动增多。2014 年 7 月，IBM 收购意大利云安全厂商 CrossIdeas，该公司主要提供安全工具软件，通过身份控制进行企业合规管理，并对云端及内部系统数据、应用访问提供授权。8 月，IBM 收购云安全服务提供商 Lighthouse Security，该公司专门从事企业身份与访问管理，通过 Gateway 云平台为大公司提供员工、客户、供应商等身份管理服务。8 月，金雅拓表示将以 8.9 亿美金的价格收购美国数据保护公司 SafeNet。9 月，网络安全公司 AVG 表示将以 2.2 亿美元收购移动安全公司 Location Labs。10 月，英国 BAE 系统公司宣布以 2.325 亿美元收购 SilverSky 公司，该公司是一家基于云计算的电子邮件和赛博安全产品供应商。11 月，美国国防承包商雷神公司宣布以 4.2 亿美元收购 Blackbird 公司，该公司是一家为情报机构和特种作业部门提供网络安全、监测和安全通信工具的公司。

第三十一章　2015年我国网络安全发展趋势

第一节　政策环境将进一步优化

2015年，我国将进一步梳理我国网络空间面临的机遇和挑战，提出我国网络空间可信建设和安全治理的总体目标，建立我国网络空间发展和安全的重大原则和国家立场，提出我国网络空间建设和发展、保障和治理的重点任务和关键举措，有望起草并发布网络安全战略等指导我国网络空间战略行动的纲领性文件。我国已经形成清晰的网络空间战略行动框架蓝图，未来将以顶层驾驭为基点，在国家层面构建常设的网络空间战略统筹机关，进行网络空间国家战略布局的顶层设计和经略；以战略安排为支柱，针对网络空间关键领域和关键要素统筹制定一揽子战略行动纲领，在国家层面形成网络空间的梯形战略结构框架；以战略实施为抓手，按照战略行动预案，做好战略规划的预期管理，实行战略规划组织实施效果评估机制，完成战略设计的应有战略目标；以完成国家战略生态构建为终极使命，通过战略规划的滚动式修订和完善，不断推进战略规划的成熟度、耦合度和完整性演进，形成网络空间国家战略生态蓝图的框架体系。

第二节　法律体系将不断完善

网络安全法律法规建设是网络强国的重要任务之一。2014年，中央网信办召开专题会议讨论网络立法问题，全国人大也将“网络安全法”列入立法工作计划。2015年，我国网络安全法治建设进程将显著加快。一是适应网络安全形势加快修订原有法律，例如，在刑法修订中增加关于网络恐怖主义的相关规定；修订互联网信息服务管理办法，针对新应用建立有效的信息内容管控手段。二是围绕关键信息基础设施保护、跨境数据流动、信息技术产品和服务供应链安全等一系列重大问题，全国人大及相关单位开展更深入的研究，“网络安全法”取得阶段性成果。三是中央网信办等加快推进网络安全审查等法律制度建设。我国将以中国特色法治理论为基础，坚持依法治网和依法治国有机统一、依法管网和依法护网有机统一，贯彻落实数据法治、网络法治、在线法治和网络空间安全法治一体建设，依法维护公民网络空间各项合法权益，建设经济发展、文化昌盛、竞争公正、生态良好、公序良俗、安全稳健的网络空间，在网络空间安全中保卫国家安全和稳定，以国家安全和稳定实现网络空间安全。

第三节　基础工作将逐步深化

未来几年中，我国在信息安全等级保护等方面的工作将进一步加强，并逐步展开一系列新的工作。一是网络安全审查工作。在“棱镜门”等一系列事件驱动下，为了消除国外信息技术产品的安全隐患，我国建立网络安全审查制度，对政府部门和能源、交通、金融等重要行业使用的国外信息技术产品和服务开展网络安全审查，重点审查产品的安全性和可靠性，防止产品提供者非法控制、干扰、中断用户系统，非法收集、存储、处理和利用用户有关信息，凡不符合安全要求的产品和服务，将不得在中国境内使用。二是关键基础设施保障工作。落实网络安全审查制度要求，对关键基础设施中使用的国外信息技术产品和服务开展网络安全审查，建立关键基础设施第三方合规评测机制，对政府部门和重点行业进行信息安全风险评估，及时发展安全威胁和风险。三是新兴信息技术网络安全预警工作。制定新兴信息技术管理制度，成立专门的机构分析和研究新兴技术的网络安全隐患，开展新兴信息技术服务的网络安全检查工作，促进相应的网络安全防护措施完善和落实。

第四节　产业规模将保持快速增长

在一系列利好政策的刺激下，2015 年我国网络安全产业将高速增长。一方面，网络安全相关企业加快并购整合，针对网络安全威胁加强技术研发，推出更加智能的网络安全设备和服务。另一方面，面对愈演愈烈的网络攻击和网络犯罪，政府、金融、能源等重要行业的网络安全需求大幅增长，带动了网络安全市场的快速发展。预计，在未来 3 年中，产业发展的驱动力仍然强劲，政府、企业、个人在网络安全方面的投入都将不断增加，企业实力逐步增强、产品更具自主创新性并且更加多元化。到 2017 年，中国网络安全产业规模将达到 1199.1 亿元，未来三年的年均复合增长率为 30%。

表 31–1　2015—2017 年我国网络安全产业规模及增长率

年度	2015年	2016年	2017年
产业规模（亿元）	698.7	908.4	1199.1
增长率	27%	30%	32%

数据来源：赛迪智库 2015 年 4 月。

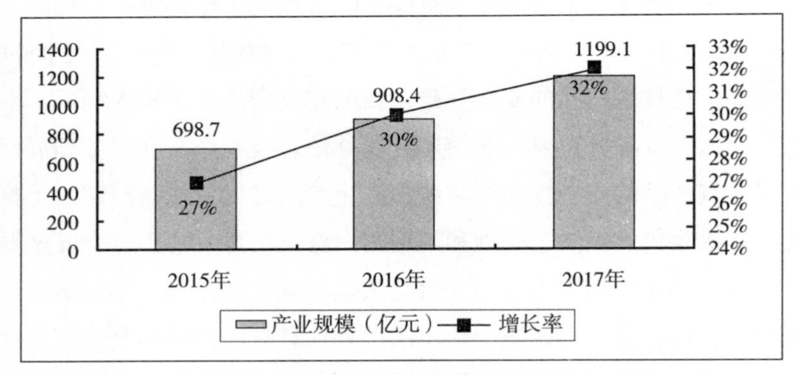

图31–1　2015—2017年我国网络安全产业规模及增长率

数据来源：赛迪智库，2015 年 4 月。

第五节　网络安全人才培养步伐加快

“千军易得，一将难求”，人才是建设网络强国之根基。2015 年，我国将按照习近平总书记“要有高素质的网络安全和信息化人才队伍”的总体要求，更加重视把人才资源汇聚起来，建设一支政治强、业务精、作风好的强大队伍，更加重视培养造就世界水平的科学家、网络科技领军人才、卓越工程师、高水平创新团队。我国将进一步构建产学研合作的人才培养机制，拓宽网络安全人才的脱出渠道和输送通道，广泛举办网络安全竞赛、网络安全模拟演练等多种竞技活动，从中选拔优秀人才到网络安全岗位从事高复杂度、高对抗性和高价值目标的安全防御工作；网络安全人才的需求端将提供更加优厚的用人条件，吸引海外高级人才和留学生来华工作和归国创业，面向发展紧缺人才提供特殊的培养和引进通道；网络安全人才的需求和供应将不断打破行业壁垒和产业界限，不同层次的需求对接平台将应运而生，企业、行业组织、科研教育机构、个人乃至自由职业者均将成为重要的网络安全人才培养和输送基地；在国家政策激励下，网络安全的人才体制将进一步得到改革，网络安全人才培养、引进和选拔机制将进一步得到完善，产业界将进一步完善股权、期权等激励机制以及创新风险共担和收益分享机制，为优秀人才脱颖而出创造良好的发展环境，一批专业能力强、实战经验丰富的网络安全高精尖人才将脱颖而出。

第六节　国际网络空间话语权逐步提升

2015 年，中国政府将更加重视互联网国际治理，更加积极开展网络空间的国际合作，不断致力于构建多边、民主、透明的国际互联网治理体系以及平等开放、多方参与、安全可信、合作共赢的网络空间全球共治机制。将进一步加强互联网国际治理的集中统一领导和行动，制定代表我核心利益和诉求的互联网国际治理方案和预案，主推国内相关专家学者、企业代表在各种互联网国际组织中获取较多代表名额、占据关键核心席位，最大限度提升我自然人、法人在新设监管机构中的会员数量和级别，创造条件获取较大规则优惠空间和较多国家利益。将立足于互联网大国和实际需求，制定互联网关键基础资源需求前瞻指引和优先级目录索引，形成连续稳定的国家表述和诉求，在现有互联网国际治理框架下力争获取较多互联网地址空间资源，提高在互联网关键基础资源上的实际掌控能力。将主动研究掌握互联网国际治理已有双边多边主流规则框架体系，积极参与互联网国际治理相关公共政策、国际规则的起草制定工作，以负责任大国身份倡导构建和谐、安全、有序的国际网络空间新秩序，切实提升我在互联网国际治理格局中的话语权。

第三十二章　2015年我国网络安全应采取的对策建议

第一节　完善相关政策法规

完善我国网络安全法律体系。适应新形势变化，制定新的网络安全法律，规范网络空间主体的权利和义务，尤其在打击网络犯罪、信息资源保护、信息资源和数据的跨国流动等方面加强立法，明确相关主体应当承担的法律责任和义务，逐步构建起网络安全立法框架。二是建立完善的网络安全监督管理制度体系。进一步加强信息安全等级保护工作，推进信息安全风险评估工作，建立有效的网络安全审查制度，对航空航天、石油石化、电力系统等重要领域中应用的核心技术和产品进行安全检查和风险评估。三是参考 WTO 规则制定我国网络安全行业管理规范。坚持政府引导、行业自律的原则，针对网络安全行业中个人隐私、恶意竞争等公众比较关注的问题，加强行业管理规范和行业自律准则的制定和实施，规范网络安全企业的行为。

健全我国网络安全立法体制机制。一是改革立法机制，提高立法效率。对国务院立法机制进行必要改革，针对国家在网络安全领域的重大关切，由中央网络安全和信息化领导小组、国务院法制办共同牵头，加快相关行政法规的起草、审查、协调等，建立快速、有效的立法机制，以对国外进行有效反制并维护我国的国家利益。二是加强网络安全立法研究和咨询支撑。在当前我国立法体制机制下，为避免“部门立法”带来的弊端，必须借助研究机构和专家学者的力量，加强网络安全立法研究和咨询支撑。三是定期开展法律适用性和实施效果评估。由全国人大常委会或国务院法制办牵头，网络安全各管理部门、专家学者、社会公众等参与，建立评估小组开展评估。四是做好法律法规与政策、标准规范的协调衔接。

一方面通过法律的具体规则来落实政策的原则性要求，并在实践中逐步将稳定性政策上升为国家法律，另一方面通过标准规范将法律的要求细化，通过操作性措施落实法律要求。

第二节　加强体制机制建设

强化中央网络安全和信息化领导小组的统一协调指挥。新组建的中央网络安全和信息化领导小组，有很多新的改变，比如，不再是国家层面而是党中央层面的高层领导和议事协调机构；出任组长的不再是最高政府首脑总理，而是党的总书记。这些改变可能从根本上减缓以往网络与信息安全协调小组难以协调党中央、军委、人大等一些弊端，提高该小组总揽全局的整体规划能力和高层协调能力。建议强化中央网络安全和信息化领导小组的统一协调指挥职能，赋予小组更多资源和手段，统领党政军各项网络安全工作，统筹协调国家网络安全顶层设计、网络安全工程等重大事项。

明确网络安全管理各部门的职责。我国网络安全管理职能部门涉及公安部、保密局、密码办、工业和信息化部等，各部门都有比较明确的职责分工。但是依照目前的“三定”方案，在实际工作中各部门仍然存在职能交叉现象。建议未来进一步理清各部门的职责定位，整合工作资源、技术资源和信息资源，明确网络外交、宣传培训等网络安全工作的涉及部门及相互配合机制，建立部门协同工作机制，形成职能互补、资源共享、协同作战、运转高效的合作机制和模式，并根据信息技术发展中出现的新形势和新问题做出及时调整，最大程度地发挥各部门的管理功效。

充分发挥支撑机构和研究智库的作用。随着网络安全问题日益突出，网络安全支撑机构和研究智库的作用也越来越凸显。借鉴美国网络安全支撑机构和研究智库在国家政策制定过程中发挥不可替代作用的重要经验，建议我国未来加大对技术支撑队伍建设的投入，建立有效的人才培养制度和培训规划，深入分析岗位需求，摸索适合工作要求的用人制度，全面提升我国网络安全支撑队伍的能力。同时，要引导支撑机构发挥各自优势，建立各自特色研究科目和体系，避免重复建设和资源浪费。另外，还应该提供更多资源，鼓励研究智库对网络安全领域具有前瞻性、全局性的重大问题进行预先研究，充分发挥支撑机构和研究智库的积极作用。

第三节　加强网络安全管理能力

完善网络安全管理制度。纵观信息安全保障能力较强的国家，基本上网络安全管理依据和手段都比较完备和健全，这一点非常值得我国借鉴。建议未来在全面评估当前互联网安全各项工作基础上，研究制定适合我国国情的互联网安全战略，加强顶层设计。同时，紧跟互联网技术和应用发展趋势，深入调研网络安全立法需求，确定需要通过立法解决的问题的优先顺序。此外，还要进一步完善我国网络安全技术标准、风险评估和应急响应等管理手段，加快制定国家网络安全审查制度，加大网络安全宣传、教育和培训力度，切实提高我国网络安全管理能力。

加强网络安全执法能力建设。执法是推动法律法规贯彻落实的重要手段。但当前我国网络安全相关执法机构存在力量不足、能力有待提高等问题。以通信安全保障执法机构为例，目前地方各省都已设立电信监管机构，电信监管机构同时承担互联网行业管理、电信市场监管以及网络与网络安全管理职责，但行政编制平均每个省尚不足20名；通信安全保障执法的相关技术能力明显不足。建议一方面加强网络安全执法机构人员配备，通过多方面培训，提高执法人员素质；另一方面加强执法技术支撑机构建设，提升犯罪侦查、舆情监测等技术能力，为网络安全执法提供必要技术支撑。

建立健全公私合作机制。网络安全企业处于感知、预警网络安全威胁的"最前线"，拥有政府无法具有的优势。而且，由于网络安全威胁无处不在，应对难度日益加大，光靠政府的力量已经难以有效应对。建议未来研究建立政府部门与企业的信息共享制度，加强政府与企业的沟通；在政策制定、执行的过程中，多吸纳行业组织力量参与，利用其特殊的身份和地位，开展一些与公民生活比较贴近的网络安全宣传教育活动，切实发挥企业和行业组织在信息安全保障中的积极性和主动性。

第四节　提升网络安全产业实力

大力改善网络安全技术自主创新环境。一是大力支持自主可控网络安全产业的发展，通过资金和其他优惠政策鼓励有实力的企业介入开发周期长、资金回收慢的网络安全基础产品，比如安全操作系统和安全芯片等。二是依托高校、研究机构和企业自主创新平台，加大核心信息技术的投入，严格管理研究资金，推动研究成果转化。三是加强网络安全市场的政策引导，合理利用国际规则，约束国外企业在国内市场的发展，为自主网络安全产品提供更好的生存空间。

全面加强网络安全技术产品市场规范。一是启动核心信息技术产品的网络安全检查和强制性认证工作，依照应用领域的安全等级设定不同的检查要求，比如对关键领域应用的产品进行源代码级检测，将安全产品的强制市场准入制度引入到核心信息技术产品领域。二是加强对国外进口技术、产品和服务的漏洞分析工作，提升发现安全隐患的能力，明确国外信息技术企业在国内提供产品、技术和服务时的责任和义务，对从事关键行业数据搜集和数据分析业务的企业采取备案和黑名单制度。三是建立新兴技术的网络安全预警机制，成立专门机构对新兴技术的网络安全隐患进行分析和研究，针对关键领域或部门出台强制性标准或规定，限制新兴技术的使用方式和范围，对掌握关键领域数据的企业进行管控。

加速建设自主可控的网络安全生态体系。一是发挥举国体制优势，实现核心技术突破。围绕国家安全需要，集中国家优势力量和资源，加快实施国家科技重大专项，追踪和把握新一代信息技术重点方向，突破集成电路、核心电子元器件、基础软件等核心关键技术。二是积极推动关键信息技术产品的国产化替代。建立信息技术产品和设备的检测评估机制，开展功能、性能检测，评估相关产品的国产化替代能力，在关系国家安全的重点领域，有序开展国产产品和设备的替代工作。三是推动全产业链协同发展。以资本为纽带进行资源整合及产业融合，加快发展和形成一批掌握关键核心技术、创新能力突出、国际竞争力强的跨国企业，促进中小企业向“专、精、特、新”方向发展，与大企业共同构建合理分工体系，加强企业间的联合与协作。

发展结构完整层次分明的网络安全产业。一是重点培育几家具有较强网络安全实力的企业，专门为政府、军队等提供整体架构设计和集成解决方案，形成解决国家级网络安全问题的承包商，类似于美国的洛克希德·马丁、波音和雷神公司等企业。二是重点发展一批提供行业解决方案和完整产品线的专业网络安全企业，具备提供完整的产品、设备，以及某个具体层面解决方案的能力，类似于IBM、微软、思科等企业。三是鼓励发展提供专用、新型技术和产品的独立网络安全企业，专门提供网络安全专用技术和产品，协助前两类企业，向政府和企业用户提供产品和技术，类似于赛门铁克、RSA 等。

第五节 强化网络安全基础设施

建设全面的在线监控与态势感知能力。在底层的网络节点上，需要建设全面的数据采集设施，收集各种网络事件、流量变化等动态信息，以实现灵敏的态势觉察；对收集的信息进行事件关联、目标识别等分析，形成态势理解能力；建设软硬件设施以完成态势评估、威胁评估、响应与预警等态势预测功能；在态势感知的各个层次，都要建立相应的组织机构和科学的管理策略，才能保证各系统的正确有序运行。

完善 PKI 体系建设。整合分散的 PKI 资源，通过国家根建立统一的 PKI 体系，支撑全国范围内 PKI 的互通互联，形成完整的网络信任体系；我国 PKI 应用范围和深度都有待提高，需要进一步促进应用创新，扩展应用领域；在应用深度上也需要大力加强，例如在网站服务器证书领域，我国普及率很低，具有很大的发展空间；大力推动国产密码算法普及，通过国家政策引导等，推动国产密码算法产业链发展，同时积极促进国产密码算法产品的应用，通过设施改造、升级换代等，逐步实现国产密码算法产品替换，实现 PKI 领域的自主可控。

形成有效的内容监控体系。加强内容监控技术研发，加强人力投入和机构建设，部署全面的内容监控系统，形成能快速应对舆情状况、有效引导网络舆情的内容监控体系；针对互联网上传播内容数量快速增长、手段不断翻新的现状，加强内容监管力度。加强内容监管力度从两方面入手，一是对违法和不良信息的过滤能力进一步加强，二是对舆情的控制和引导能力不断强化。

建立和完善信息共享机制。在政策上，应制定信息共享政策方针；在标准规范上，制定信息共享标准规范，使得各种异构系统能实现有效的信息流动；在组织上，各级政府部门应建立信息共享领导和管理机构，切实负责信息共享保障工作，国家级的机构还需要加强与国外相关机构的合作，建立多边信息通报机制，及时防范境外网络威胁；不同行业、不同领域、不同信息系统应该根据自身特点，建立信息共享管理机构、制定信息共享方案；在设施上，应加大投入，完善信息共享设施，建立连接各级政府部门、国家重要信息系统、应急响应体系、民间网络安全企业等相关实体的专用的高效、可靠通讯网络，尤其是加强与企业的合作，充分利用企业信息收集能力，利用专用通道及时通报病毒爆发、网络攻击等重大安全事件。

建成覆盖全国的应急响应体系。建立高效的组织管理体系，尤其加强小城镇和边远地区的应急响应机构建设，扩大网络覆盖范围，同时要强化基层应急响应机构的管理能力、专业技术能力等，加强人才培训和实战演练，提升应急响应能力；加强资金投入，强化设施建设，建设广泛分布的应急响应终端，强化信息收集与事件捕捉能力，依靠及时的信息共享机制，达成覆盖全国的、反应迅速、处置准确的应急响应体系。

第六节　开展国际合作交流

一是推进网络外交，加强网络空间对话与合作。参与和推动联合国、国际电联等政府间网络安全合作进程。加强与俄罗斯、美国、欧洲等国家与地区间的网络安全对话，就网络安全问题加强沟通。开展双边与多边合作，加强网络安全事件与威胁信息共享，联手打击网络犯罪行为和网络恐怖行为。二是推动资源平等管理，促进全球互联网均衡发展。积极参加国际社会有关网络安全的讨论，参与制订相关国际规则，支持在联合国框架下平等管理互联网关键资源，提倡各国有均等从网络空间受益的权利，任何国家不得以自身私利而垄断网络技术。三是明确我国对网络敌对行为的态度，强调各国有责任和权利保护本国网络空间和关键基础设施免受威胁、干扰和攻击破坏。

附　　录

附录I：参考文献

[1] 张春生 :《2013-2014 年世界信息安全发展蓝皮书》，人民出版社 2014 年版。

[2] 张春生 :《2013-2014 年中国信息安全发展蓝皮书》，人民出版社 2014 年版。

[3] 张显龙 :《全球视野下的中国信息安全战略》，《卫星与网络》2013 年第 11 期。

[4] 刘一:《国外网络信息安全建设概述》,《信息安全与技术》2013 年第 6 期。

[5] 王文超:《刍议大数据时代的国家信息安全》,《国防科技》2013 年第 4 期。

[6] 汪鸿兴:《英国信息安全战略设计及其启示》,《保密工作》2013 年第 4 期。

[7] 刘一:《美国国家信息安全战略解析》,《信息安全与技术》2013 年第 1 期。

[8] 闫立金 :《国际信息安全技术发展趋势与建议》，《国防科技工业》2012 年第 9 期。

[9] 蔡翠红 :《网络空间的中美关系竞争、冲突与合作》，《美国研究》2012 年第 3 期。

[10] 陈治科、熊伟 :《美国网络空间发展研究》，《装备学院学报》2013 年第 1 期。

[11] 沈逸 :《应对进攻型互联网自由战略的挑战——析中美在全球信息空间的竞争与合作》，《世界经济与政治》2012 年第 2 期。

[12] 曹宝锋 :《我国信息产业发展的问题与对策》，《郑州航空工业管理学院学报(社会科学版)》2005 年第 6 期。

[13] 宋丽萍、李海彬 :《美日信息产业创新政策经验及启示》，《特区经济》2013 年第 3 期。

[14] 高旭东:《政府在我国企业发展自主核心技术中的作用:一个分析框架》,《北京邮电大学学报(社会科学版)》2011 年第 6 期。

[15] 刘越、刘飞 :《美国用可信身份标识维护网络空间安全》,《通信管理与技术》2011 年第 3 期。

[16] 刘建良 :《浅谈网络安全身份认证技术的研究分析》,《数字技术与应用》2012 年第 11 期。

[17] 陈舜杰 :《计算机网络安全防御体系的设计与研究》,《计算机光盘软件与应用》2013 年第 14 期。

[18] 李海霞、杜新 :《互联网环境下计算机的安全防护对策分析》,《科技传播》2013 年第 19 期。

[19] 张雅念、张德治、何恩 :《从 GMIC 会议看移动互联网安全》,《信息安全与通信保密》2013 年第 8 期。

[20] 张文亮、刘建文:《浅析移动互联网信息内容安全技术体系》,《信息通信》2013 年第 7 期。

[21] 李佳 :《移动互联网的信息安全研究》, 首都经济贸易大学硕士论文,2014 年。

[22] 吴吉义、李文娟、黄剑平、章剑林、陈德人:《移动互联网研究综述》,《中国科学 : 信息科学》2015 年第 1 期。

[23] 李勇 :《移动互联网信息安全威胁与漏洞分析》,《通信技术》2014 年第 4 期。

[24] 张万芳、汤劢、曹渝:《网络社会学视角下互联网社会安全管理分析》,《电子测试》, 2013 年第 10 期。

[25] 严妍媛 :《我国互联网安全形势及应对策略浅析》,《电子制作》2013 年第 10 期。

[26] 吴昌合、王翰博 :《互联网环境下信息用户安全问题研究》,《大学图书情报学刊》2012 年第 5 期。

[27] 柳辉 :《金融行业信息安全研究》,《中国科技信息》2012 年第 24 期。

[28] 冯登国 :《国内外密码学研究现状及发展趋势》,《通信学报》2002 年第 5 期。

[29] 中国密码学会 :《2009-2010 密码学学科发展报告》, 中国科学技术出

版社 2010 年版。

[30] 罗力:《国民信息安全素养评价指标体系构建研究》,《重庆大学学报(社会科学版)》2012 年第 3 期。

[31] 罗力:《论国民信息安全素养的培养》,《图书情报工作》2012 年第 6 期。

[32] 侯洪凤:《云计算信息安全问题探讨》,《电子设计工程》2012 年第 22 期。

[33] 孙松儿:《云计算环境下安全风险分析》,《网络与信息》2012 年第 6 期。

[34] 周伟:《云计算时代的网络安全问题》,《煤炭技术》2012 年第 7 期。

[35] 刘权:《我国电子认证服务业发展现状、趋势与建议》,《赛迪信息安全研究》2013 年第 23 期。

[36] 白洁、围城:《信息安全人才的培养和就业——信息安全人才面面观之人才就业篇》,《信息安全与通信保密》2010 年第 1 期。

[37] 方勇、周安民、刘嘉勇、戴宗坤:《信息安全学科体系和人才体系研究》,《北京电子科技学院学报》2006 年第 1 期。

[38] 赵惜群、许婷、翟中杰:《国外网络文化建设的经验及其启示》,《当代世界与社会主义》2013 年第 1 期。

[39] 仇晶、廖乐健:《网络舆情与网络文化安全预警技术研究》,《信息网络安全》2008 年第 6 期。

[40] 黄礼祥:《浅析我国网络安全面临的威胁与对策》,《中国新技术新产品》2012 年第 15 期。

[41] 程秀权、程松涛、马红梅、吴霞:《互联网信息内容管理平台研究与实践》,《电信工程技术与标准化》2008 年第 6 期。

[42] 沈昌祥:《信息安全国家发展战略思考与对策》,《中国公共安全(学术卷)》2005 年第 1 期。

[43] 赵泽良:《依法治网，全面践行习总书记网络安全观》,《中国信息安全》2014 年第 10 期。

[44] 马志刚:《互联网不正当竞争呼唤监管升级——以美国的实践为视角》,《中国电信业》2014 年第 6 期。

[45] 王世伟:《论习近平“网络治理观”——深入学习贯彻习近平关于网络治理的重要论述》,《中国信息安全》2014 年第 11 期。

[46] 周季礼、于东兴、吴勇:《美国打造自主可控信息安全产业链的主要举

措及启示》,《信息安全与通信保密》2014 年第 11 期。

[47] 左晓栋 :《做好党政机关网站安全管理工作——中央网信办 1 号文件解读》,《信息安全与通信保密》2015 年第 1 期。

[48] 肖华龙:《信息安全与网络安全关系辨析》,《电子世界》2012 年第 16 期。

[49] 杨晨 :《产业强大 : 实现信息安全战略的基础保障》,《信息安全与通信保密》2014 年第 11 期。

[50] 崔春英:《数据库中推理控制问题的研究》, 华中科技大学, 2007 年 1 月。

[51] 李捷 :《数据库加密系统的研究与实现》, 西安电子科技大学, 2008 年 1 月。

[52] 张晓娜 :《一种基于身份认证的数据库加密系统的设计与实现》, 暨南大学, 2008 年 5 月。

[53] 李云雪 :《安全操作系统分布式体系框架研究》, 电子科技大学, 2004 年第 2 期。

[54] 周秀霞、刘万国、隋会民 :《中国信息安全发展进程研究》,《图书馆学研究》2010 年第 11 期。

[55] 张泽明:《由 Win8 被禁谈如何推进政府采购信息系统》,《中国政府采购》2014 年第 7 期。

附录II：重要文件

国务院关于授权国家互联网信息办公室负责互联网信息内容管理工作的通知

国发〔2014〕33号

各省、自治区、直辖市人民政府，国务院各部委、各直属机构：

为促进互联网信息服务健康有序发展，保护公民、法人和其他组织的合法权益，维护国家安全和公共利益，授权重新组建的国家互联网信息办公室负责全国互联网信息内容管理工作，并负责监督管理执法。

国务院

2014年8月26日

国务院办公厅关于加强政府网站信息内容建设的意见

国办发〔2014〕57号

各省、自治区、直辖市人民政府，国务院各部委、各直属机构：

政府网站是信息化条件下政府密切联系人民群众的重要桥梁，也是网络时代政府履行职责的重要平台。近年来，各级政府积极适应信息技术发展、传播方式变革，运用互联网转变政府职能、创新管理服务、提升治理能力，使政府网站成为信息公开、回应关切、提供服务的重要载体。但一些政府网站也存在内容更新不及时、信息发布不准确、意见建议不回应等问题，严重影响政府公信力。建好管好政府网站是各级政府及其部门的重要职责，为进一步做好政府网站信息内容建设工作，经国务院同意，现提出以下意见：

一、总体要求

（一）指导思想。深入贯彻落实党中央、国务院的决策部署，围绕建设法治政府、创新政府、廉洁政府的目标，把握新形势下政务工作信息化、网络化的新趋势，加强政府网站信息内容建设管理，提升政府网站发布信息、解读政策、回应关切、引导舆论的能力和水平，将政府网站打造成更加及时、准确、有效的政府信息发布、互动交流和公共服务平台，为转变政府职能、提高管理和服务效能，推进国家治理体系和治理能力现代化发挥积极作用。

（二）基本原则。

——围绕中心，服务大局。紧密结合政府工作主要目标和重点任务，充分反映重要会议、活动和决策内容，解读重大政策，使公众理解和支持政府工作。

——以人为本，心系群众。坚持执政为民，把满足社会公众对政府信息的需求作为出发点和落脚点，密切政府同人民群众的关系，增强政府的公信力和凝聚力。

——公开透明，加强互动。及时准确发布政府信息，开展交流互动，倾听公众意见，回应社会关切，接受社会监督，使政府网站成为公众获取政府信息的第一来源、互动交流的重要渠道。

——改革创新，注重实效。把握互联网传播规律，适应公众需求，理顺管理体制，完善协调机制，创新表现形式，提高保障能力，加强协同联动，打造传播主流声音的政府网站集群。

二、加强政府网站信息发布工作

（三）强化信息发布更新。各地区、各部门要将政府网站作为政府信息公开的第一平台，建立完善信息发布机制，第一时间发布政府重要会议、重要活动、重大政策信息。依法公开政府信息，做到决策公开、执行公开、管理公开、服务公开、结果公开。健全政府网站信息内容更新的保障机制，提高发布时效，对本地区、本部门政府网站内容更新情况进行监测，对于内容更新没有保障的栏目要及时归并或关闭。

（四）加大政策解读力度。政府研究制定重大政策时，要同步做好网络政策解读方案。涉及经济发展和社会民生等政策出台时，在政府网站同步推出由政策制定参与者、专业机构、专家学者撰写的解读评论文章或开展的访谈等，深入浅出、通俗易懂地解读政策。要提供相关背景、案例、数据等，还可通过数字化、图表图解、音频、视频等方式予以展现，增强网站的吸引力亲和力。

（五）做好社会热点回应。涉及本地区、本部门的重大突发事件、应急事件，要依法按程序在第一时间通过政府网站发布信息，公布客观事实，并根据事件发展和工作进展及时发布动态信息，表明政府态度。围绕社会关注的热点问题，相关部门和单位要通过政府网站作出积极回应，阐明政策，解疑释惑，化解矛盾，理顺情绪。

（六）加强互动交流。各地区、各部门要通过政府网站开展在线访谈、意见征集、网上调查等，加强与公众的互动交流，广泛倾听公众意见建议，接受社会的批评监督，搭建政府与公众交流的“直通车”。进一步完善公众意见的收集、处理、反馈机制，了解民情，回答问题。开办互动栏目的，要配备相应的后台服务团队和受理系统。收到网民意见建议后，要进行综合研判，对其中有价值、有意义的应在7个工作日内反馈处理意见，情况复杂的可延长至15个工作日，无法办理的应予以解释说明。

三、提升政府网站传播能力

（七）拓宽网站传播渠道。通过开展技术优化、增强内容吸引力，提升政府网站页面在搜索引擎中的收录比例和搜索效果。政府网站要提供面向主要社交媒体的信息分享服务，加强手机、平板电脑等移动终端应用服务，积极利用微博、微信等新技术新应用传播政府网站内容，方便公众及时获取政府信息。有条件的政府网站可发挥优势，开展研讨交流、推广政府网站品牌等活动。

（八）建立完善联动工作机制。各级政府面向公众公开举办重要会议、新闻发布、经贸活动、旅游推广等活动时，政府网站要积极参与，做好传播工作。各级政府网站之间要加强协同联动，发挥政府网站集群效应。国务院发布对全局工作有指导意义、需要社会广泛知晓的政策信息时，各级政府网站应及时转载、链接；发布某个行业或地区的政策信息时，涉及到的部门和地方政府网站应及时转载、链接。

（九）加强与新闻媒体协作。加强政府网站与报刊、杂志、广播、电视等媒体的合作，增进政府网站同新闻网站以及有新闻资质的商业网站等的协同，最大限度地提高政府信息的影响力，将政府声音及时准确传递给公众。同时，政府网站也可选用传统媒体和其他网站的重要信息、观点，丰富网站内容。

（十）规范外语版网站内容。开设外语版网站要有专业、合格的支撑能力，用专业外语队伍保障内容更新，确保语言规范准确，尊重外国受众文化和接受习惯。精心组织设置外语版网站栏目，加快信息更新频率，核心信息尽量与中文版网站基本同步。加强与中央和省（区、市）外宣媒体的合作，解决语言翻译问题。没有相应条件的可暂不开设外语版。

四、完善信息内容支撑体系

（十一）建立信息协调机制。由各地区、各部门办公厅（室）牵头，相关职能部门参加，建立主管主办政府网站的信息内容建设协调机制，统筹业务部门、所属单位和相关方面向政府网站提供信息，分解政策解读、互动回应、舆情处置等任务。各地区、各部门办公厅（室）要根据实际需要，确定一位负责人主持协调机制，每周定期研究政府网站信息内容建设工作，按照“谁主管谁负责”、“谁发布谁负责”，根据职责分工，向有关方面安排落实信息提供任务。办公厅（室）政府信息公开或其他专门工作机构承担日常具体协调工作。

（十二）规范信息发布流程。职能部门要根据不同内容性质分级分类处理，选择信息发布途径和方式，把握好信息内容的基调、倾向、角度，突出重点，放大亮点，谨慎掌握敏感问题的分寸。要明确信息内容提供的责任，严格采集、审核、报送、复制、传递等环节程序，做好信息公开前的保密审查工作，防止失泄密问题。按照政府网站信息内容的格式、方式、发布时限，做好原创性信息的编制和加工，保证所提供的信息内容合法、完整、准确、及时。网站运行管理团队要明确编辑把关环节的责任，做好信息内容接收、筛选、加工、发布等，对时效性要求高的信息随时编辑、上网。杜绝政治错误、内容差错、技术故障。

（十三）加强网上网下融合。业务部门要切实做好网上信息提供、政策解读、互动回应、舆情处置等线下工作，使线上业务与线下业务同步考虑、同步推进。建立政府网站信息员、联络员制度，在负责提供信息内容的职能部门中聘请若干信息员、联络员，负责网站信息收集、撰写、报送及联络等工作。

（十四）理顺外包服务关系。各地区、各部门要组建网站的专业运行管理团队，负责重要信息内容的发布和把关。对于外包的业务和事项，严格审查服务单

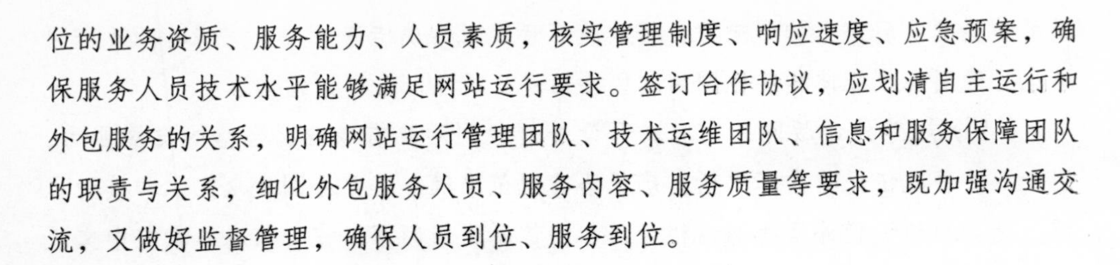

位的业务资质、服务能力、人员素质，核实管理制度、响应速度、应急预案，确保服务人员技术水平能够满足网站运行要求。签订合作协议，应划清自主运行和外包服务的关系，明确网站运行管理团队、技术运维团队、信息和服务保障团队的职责与关系，细化外包服务人员、服务内容、服务质量等要求，既加强沟通交流，又做好监督管理，确保人员到位、服务到位。

五、加强组织保障

（十五）完善政府网站内容管理体系。按照属地管理和主管主办的原则，全国政府网站内容管理体系分为中央和地方两个层级：国务院办公厅负责推进全国政府网站信息内容建设，指导省（区、市）和国务院各部门政府网站信息内容建设；省（区、市）政府办公厅负责推进、指导本地区各级各类政府网站信息内容建设。各部门由其办公厅（室）等机构负责推进本部门政府网站信息内容建设，中央垂直管理或以行业管理为主的部门由其办公厅（室）负责管理本系统政府网站信息内容建设。

（十六）推进集约化建设。完善政府网站体系，优化结构布局，在确保安全的前提下，各省（区、市）要建设本地区统一的政府网站技术平台，计划单列市、副省级城市和有条件的地级市可单独建立技术平台。为保障技术安全，加强信息资源整合，避免重复投资，市、县两级政府要充分利用上级政府网站技术平台开办政府网站，已建成的网站可在3–5年内迁移到上级政府网站技术平台。县级政府各部门、乡镇政府（街道办事处）不再单独建设政府网站，要利用上级政府网站技术平台开设子站、栏目、频道等，主要提供信息内容，编辑集成、技术安全、运维保障等由上级政府网站承担。国务院各部门要整合所属部门的网站，建设统一的政府网站技术平台。

（十七）建立网站信息内容建设管理规范。国务院办公厅牵头组织编制政府网站发展指引，明确政府网站内容建设、功能要求等。各地区、各部门办公厅（室）要结合本地区、本部门的实际情况和工作特点，制定政府网站内容更新、信息发布、政策解答、协同联动等工作规程，完善政府网站设计、内容搜索、数据库建设、无障碍服务、页面链接等技术规范。加强标准规范宣传与应用推广。

（十八）加强人员和经费等保障。各地区、各部门要在人员、经费、设备等方面为政府网站提供有力保障。要明确具体负责协调推进政府网站内容建设的工作机构和专门人员，建设专业化、高素质网站运行管理队伍，保障网站健康运行、不断发展。各级财政要把政府网站内容保障和运行维护等经费列入预算，并保证逐步有所增加。政府网站经费中要安排相应的部分，用于信息采编、政策解读、互动交流、回应关切等工作，向聘用的信息员、联络员等支付劳动报酬或稿费。

（十九）完善考核评价机制。把政府网站建设管理作为主管主办单位目标考核和绩效考核的内容之一，建立政府网站信息内容建设年度考核评估和督查机制，分级分类进行考核评估，使之制度化、常态化。对考核评估合格且社会评价优秀的政府网站，给予相关单位和人员表扬，推广先进经验。对于不合格的，通报相关主管主办部门和单位，要求限期整改，对分管负责人和工作人员进行问责和约谈。完善专业机构、媒体、公众相结合的社会评价机制，对政府网站开展社会评价和监督，评价过程和结果向社会公开。

（二十）加强业务培训。各地区、各部门要把知网、懂网、用网作为领导干部能力建设的重要内容，引导各级政府领导干部通过政府网站解读重大政策，回应社会关切。国务院办公厅和各省（区、市）政府办公厅每年要举办培训班或交流研讨会，对政府网站分管负责人和工作人员进行培训，切实提高政府办网和管网水平。

各地区、各部门要根据本意见要求制定具体落实措施，并将贯彻落实情况报送国务院办公厅。

国务院办公厅

2014年11月17日

关于加强党政机关网站安全管理的通知

中网办发文〔2014〕1号

各省、自治区、直辖市网络安全和信息化领导小组，中央和国家机关各部委，各人民团体：

为提高党政机关网站安全防护水平，保障和促进党政机关网站建设，经中央网络安全和信息化领导小组同意，现就加强党政机关网站安全管理通知如下。

一、充分认识加强党政机关网站安全管理的重要性和紧迫性

随着信息技术的广泛深入应用，特别是电子政务的不断发展，党政机关网站作用日益突出，已经成为宣传党的路线方针政策、公开政务信息的重要窗口，成为各级党政机关履行社会管理和公共服务职能、为民办事和了解掌握社情民意的重要平台。近年来，各地区各部门按照党中央、国务院的要求，在推进党政机关网站建设的同时，认真做好网站安全管理工作，保证了党政机关网站作用的发挥。但也要看到，当前党政机关网站安全管理工作中还存在一些亟待解决的问题，主要表现为：管理制度不健全，开办审批不严格，一些不具备资格的机构注册开办党政机关网站，还有一些不法分子仿冒党政机关网站，严重影响党和政府形象，侵害公众利益；一些单位对网站安全管理重视不够，安全投入相对不足，安全防护手段滞后，安全保障能力不强，网站被攻击、内容被篡改以及重要敏感信息泄露等事件时有发生；一些网站信息发布、转载、链接管理制度不严格，信息内容缺乏严肃性，保密审查制度不落实；党政机关电子邮件安全管理要求不明确，人员安全意识不强，邮件系统被攻击利用、通过电子邮件传输国家秘密信息等问题比较严重，威胁国家网络安全。

随着党政机关网站承载的业务不断增加，涉及政务信息、商业秘密和个人信息的内容越来越多，党政机关网站及电子邮件系统日益成为不法分子和各种犯罪组织的重点攻击对象，安全管理面临更大挑战。各级党政机关要充分认识加强党政机关网站安全管理的重要性和紧迫性，保持清醒头脑，克服麻痹思想，采取有效措施，确保党政机关网站安全运行、健康发展。

二、严格党政机关网站的开办审核

明确党政机关网站开办条件和审核要求。各级党政机关以及人大、政协、法院、检察院等机关和部门，开办的党政机关网站主要任务是宣传党和国家方针政策、发布政务信息、开展网上办事。不具有行政管理职能的事业单位原则上不得开办党政机关网站，企业、个人以及其他社会组织不得开办党政机关网站。党政机关网站要使用以“.gov.cn”、“.政务.cn”或“.政务”为结尾的域名，并及时备案。规范党政机关网站域名和网站名称。各省、自治区、直辖市机构编制部门会同同级网络安全和信息化领导小组办公室负责党政机关网站开办审核工作，2015年前，要组织完成党政机关网站开办资格复核。中央机构编制委员会办公室电子政

务中心、中国互联网络信息中心配合做好党政机关网站开办审核和资格复核工作，不受理未通过审核的域名注册申请，及时清理没有通过资格复核的已注册党政机关网站域名。

加强党政机关网站建设的统筹规划和资源共享。中央和国家机关各部委要统筹规划本部门及直属机构的党政机关网站建设。提倡各地区采取集约化模式建设党政机关网站，县级党政机关各部门以及乡镇党政机关可利用上级党政机关网站平台，原则上不单独建设党政机关网站。

为党政机关提供网站和邮件服务的数据中心、云计算服务平台等要设在境内。采购和使用社会力量提供的网站和电子邮件等服务时，应进行网络安全审查，加强安全监管。

三、严格党政机关网站信息发布、转载和链接管理

党政机关网站发布的信息主要是本地区本部门本系统的有关政策规定、政务信息、办事指南、便民服务信息等。各地区各部门要建立健全网站信息发布审核和保密审查制度，明确审核审查程序，指定机构和人员负责审核审查工作，建立审核审查记录档案，确保信息内容的准确性、真实性和严肃性，确保信息内容不涉及国家秘密和内部敏感信息。发布政务信息要严格执行有关规定，信息发布审查过程中，要充分考虑各种信息之间的关联性，防止由于数据汇聚泄露国家秘密或内部敏感信息。党政机关网站原则上不承担与本地区本部门本系统无关的新闻信息采集和发布义务，不得发布广告等经营性信息，严禁发布违反国家规定的信息以及低俗、庸俗、媚俗信息内容。

党政机关网站转载的信息应与政务等履行职能的活动相关，并评估内容的真实性和客观性，充分考虑知识产权保护等问题。加强网站链接管理，定期检查链接的有效性和适用性。需要链接非党政机关网站的，须经本单位分管网站安全工作的负责同志批准，链接的资源应与政务等履行职能的活动相关，或者属于便民服务的范围。采取技术措施，做到在用户点击链接离开党政机关网站时予以明确提示。

四、强化党政机关网站应用安全管理

积极利用新技术提升党政机关网站服务能力和水平，充分考虑可能带来的安全风险和隐患，有针对性地采取防范措施。网站开通前要进行安全测评，新增栏

目、功能要进行安全评估。加强对网站系统软件、管理软件、应用软件的安全配置管理，做好安全防护工作，消除安全隐患。

加强党政机关网站中留言评论等互动栏目管理，按照信息发布审核和保密审查的要求，对拟发布内容进行审核审查。严格对博客、微博等服务的管理，博客、微博申请注册人员原则上应限于本单位工作人员，信息发布要署实名，内容应与所从事的工作相关。党政机关网站原则上不开办对社会开放的论坛等服务，确需开办的要严格报批并加强管理。

严格遵守相关规定、标准和协议要求，加强党政机关网站中重要政务信息、商业秘密和个人信息的保护，防止未经授权使用、修改和泄露。

五、建立党政机关网站标识制度

建立和规范党政机关网站标识，有助于公众识别、区分党政机关网站和非党政机关网站，发现和打击仿冒党政机关网站，有助于保证党政机关网站的权威性、严肃性。中央机构编制委员会办公室会同有关部门抓紧设计党政机关网站统一标识，组织制定党政机关网站标识使用规范。党政机关网站标识应按要求放置，非党政机关网站不得使用。

加大对仿冒党政机关网站行为的监测力度。科技部、工业和信息化部要组织研制专门技术工具，自动监测发现盗用党政机关网站标识行为和仿冒的党政机关网站。国家互联网信息办公室要组织网络等媒体加强宣传教育，提高公众识别真假党政机关网站的能力。违法和不良信息举报中心受理仿冒党政机关网站举报并组织处置，各单位发现仿冒党政机关网站以及攻击破坏党政机关网站的行为要及时报告；涉嫌违法犯罪的，由公安机关依法处理。

六、加强党政机关电子邮件安全管理

党政机关工作人员要利用本单位网站邮箱等专用电子邮件系统处理业务工作。严格党政机关专用电子邮件系统注册审批与登记，各单位网站邮箱原则上只限于本单位工作人员注册使用，人员离职后应注销电子邮件账号。各地方可通过统一建设、共享使用的模式，建设党政机关专用电子邮件系统，为本地区党政机关提供电子邮件服务。

加强电子邮件系统安全防护，综合运用管理和技术措施保障邮件安全。严格电子邮件使用管理，明确电子邮件账号、密码管理要求，不得使用简单密码或长期不更换密码，有条件的单位，应使用数字证书等手段提高邮件账户安全性，防止电子邮件账号被攻击盗用。严禁通过互联网电子邮箱办理涉密业务，存储、处理、转发国家秘密信息和重要敏感信息。

七、加强党政机关网站技术防护体系建设

各地区各部门在规划建设党政机关网站时，应按照同步规划、同步建设、同步运行的要求，参照国家有关标准规范，从业务需求出发，建立以网页防篡改、域名防劫持、网站防攻击以及密码技术、身份认证、访问控制、安全审计等为主要措施的网站安全防护体系。切实落实信息安全等级保护等制度要求，做好党政机关网站定级、备案、建设、整改和管理工作，加强党政机关网站移动应用安全管理，提高网站防篡改、防病毒、防攻击、防瘫痪、防泄密能力。

制定完善党政机关网站安全应急预案，明确应急处置流程、处置权限，落实应急技术支撑队伍，强化技能训练，开展网站应急演练，提高应急处置能力。合理建设或利用社会专业灾备设施，做好党政机关网站灾备工作。采取有效措施提高党政机关网站域名解析安全保障能力。统筹组织专业技术力量对中央和国家机关网站开展日常安全监测，各省、自治区、直辖市网络安全和信息化领导小组办公室要结合本地实际，组织开展对本地区重点党政机关网站的安全监测。工业和信息化部指导电信运营企业为党政机关网站安全运行提供通信保障。公安机关要加大对攻击破坏党政机关网站等违法犯罪行为的依法打击力度。国家标准委要加快制定完善有关网站、电子邮件的国家信息安全技术和管理标准。

八、加强对党政机关网站安全管理工作的组织领导

进一步明确和落实安全管理责任。各地区各部门要按照谁主管谁负责、谁运行谁负责的原则，切实承担起本地区本部门党政机关网站安全管理责任，指定一名负责同志分管相关工作，加强对网站安全的领导，明确负责网站的信息审核、保密审查、运行维护、应用管理等业务的机构和人员。加强对领导干部和工作人员的教育培训，提高安全利用网站和电子邮件的意识和技能。中央和地方网络安全和信息化领导小组办事机构要做好党政机关网站安全工作的协调、指导和督促检查。各级财政部门，立足现有经费渠道，对党政机关网站安全管理相关工作给予保障。

加大党政机关网站、电子邮件系统的安全检查力度，中央和国家机关各部门

网站和省市两级党政机关门户网站、电子邮件系统等每半年进行一次全面的安全检查和风险评估。各级保密行政管理部门要加强对党政机关网站和电子邮件系统信息涉密情况的检查监管。对违反制度规定、有章不循、有禁不止，造成泄密和安全事件的要依法依纪追究当事人和有关领导的责任。

军队网站和电子邮件安全管理工作，由军队有关部门根据本通知精神另行规定。

中央网络安全和信息化领导小组办公室

2014年5月9日

中国银监会、国家发展改革委、科技部、工业和信息化部关于应用安全可控信息技术加强银行业网络安全和信息化建设的指导意见

银监发〔2014〕39号

各银监局、各省（自治区、直辖市及计划单列市）发展改革委、科技厅（委、局）、工业和信息化主管部门、各政策性银行、国有商业银行、股份制商业银行、金融资产管理公司、储蓄银行、各省级农村信用联社，银监会直接监管的信托公司、企业集团财务公司、金融租赁公司：

为进一步贯彻落实创新驱动发展战略，提升银行业网络安全保障能力和信息化建设水平，推动银行业深化改革、发展转型，促进战略新兴产业发展，现就应用安全可控信息技术加强银行业网络安全和信息化建设提出以下指导意见。

一、总体目标

建立银行业应用安全可控信息技术的长效机制，制定配套政策，建立推进平台，大力推广使用能够满足银行业信息安全需求，技术风险、外包风险和供应链风险可控的信息技术。到2019年，掌握银行业信息化的核心知识和关键技术；实现银行业关键网络和信息基础设施的合理分布，关键设施和服务的集中度风险得到有效缓解；安全可控信息技术在银行业总体达到75%左右的使用率，银行业网络安全保障能力不断加强；信息化建设水平稳步提升，更好地保护消费者权

益，维护经济社会安全稳定。

二、指导原则

（一）坚持开放合作。兼容并蓄，凝聚各方智慧和力量，优先应用开放性强、透明度高、适用面广的技术和解决方案，优先选择愿意在核心知识和关键技术领域进行合作的机构，避免对单一产品或技术的依赖。

（二）鼓励自主创新。充分认识创新驱动发展战略的重要意义，鼓励原始创新、集成创新和引进消化吸收再创新，构建高效稳健的共性关键技术供给体系，掌握银行业信息化核心知识和关键技术。

（三）发挥市场作用。加快建立高效的创新体系，激发各类创新主体的积极性，以银行业信息化需求培育和带动市场，以信息产业发展促进银行业发展转型，主动把握新兴技术发展机遇，推动银行业信息化创新发展，促进信息产业做大做强。

（四）加强协同合作。统筹规划，加强政、产、学、研协同合作，营造安全可控信息技术研究、发展和应用的良性互动环境，形成“需求拉动、产业推动、科研驱动”的良性循环。

三、任务要求

（一）完善信息科技治理机制。银行业金融机构应将提升网络安全保障能力和信息化建设能力纳入战略目标，将安全可控信息技术应用纳入战略规划；建立以安全可控、自主创新为导向的制度体系，明确目标、策略与职责分工；加强创新组织建设和人才培养，保障创新资源；有序推进整体架构自主设计、核心应用自主研发、核心知识自主掌握、关键技术自主应用等重点工作。

（二）优化信息系统架构。银行业金融机构要建立安全、可靠、高效、开放、弹性的信息系统总体架构，在架构规划和设计过程中应充分考虑安全可控；掌握关键技术的选择权，摆脱在关键信息和网络基础设施领域对单一技术和产品的依赖。从战略角度规划和建设业务连续性系统架构，应当至少有一种基于安全可控信息技术架构的数据级或应用级存储、备份、归档和容灾等一体化的业务连续性方案。

（三）优先应用安全可控信息技术。银行业金融机构应客观评估自身信息化需求和信息科技风险情况，开展差距分析，按年度制定应用推进计划；建立科学合理的信息技术和产品选型理念，选择与本单位信息化需求相匹配的技术与产品，避免一味求大求全。在涉及客户敏感数据的信息处理环节，应优先使用安全可靠、风险可控的信息技术和服务，当前重点在网络设备、存储、中低端服务器、信息安全、运维服务、文字处理软件等领域积极推进，在操作系统、数据库等领域要加大探索和尝试力度；从2015年起，各银行业金融机构对安全可控信息技术的应用以不低于15%的比例逐年增加，直至2019年达到不低于75%的总体占比（2014年应用的技术和产品可纳入2015年度计算）。

（四）积极推动信息技术自主创新。银行业金融机构应积极尝试应用安全可靠、自主创新的信息技术，通过应用提出改进需求，增强创新技术的适应性和健壮性；探索通过统一标准、统筹产品、联合攻关、试点示范等，加快自主创新信息技术应用磨合适配及系统性优化。在技术选型中，如存在安全可靠的自主创新产品和技术，应至少引入一家此类产品或技术进行选型和测试；对提供专用设备或集成解决方案的供应商，应要求其方案使用的硬件和软件至少能够各应用一项安全可靠的自主创新产品或技术。

（五）积极参与安全可控信息技术研发。银行业金融机构应加强与产业机构、大学和科研机构的合作，联合开展关键技术的研发和生产，围绕安全可控信息技术在银行业应用的关键问题，开展技术合作，实施技术转移，形成高质量、具有行业推广价值的科技成果；在核心应用基础架构、操作系统、数据库、中间件和银行业专用设备等领域加大研究力度，集中突破制约安全可控发展的关键技术。2015年起，银行业金融机构应安排不低于5%的年度信息化预算，专门用于支持本机构围绕安全可控信息系统开展前瞻性、创新性和规划性研究，支持本机构掌握信息化核心知识和技能。

（六）加强知识产权保护与标准规范建设。银行业金融机构应加强知识产权保护意识，对各项研究成果及时申请技术专利保护；应积极参与各类技术标准的研究和制定工作，推进安全可控信息技术的标准化、专利化。

四、主要措施

（一）建立银行业信息安全审查和风险评估制度。依据国家网络安全审查相关政策，建立与银行业信息安全需求相适应的配套政策，建立银行业网络安全审查标准，加强银行业专用信息技术和产品的安全检测；建立常态化的风险评估制度，建立信息技术在银行业应用过程中的风险识别、评估和控制机制，加强功能测试、性能测试和安全性测试；密切跟踪安全可控信息技术的应用情况，建立缺陷库和风险库，结合行业应用不断促进技术的完善。

（二）建立银行业安全可控信息技术落地推进平台。组建银行业安全可控信息技术创新战略联盟，创建技术实验室和国家工程实验室，研究挖掘银行业应用安全可控信息技术的机会和需求，协调银行业金融机构、信息技术企业、大学和研究机构等共同推进安全可控信息技术的研究和推广。

（三）组织开展银行业应用安全可控信息技术示范项目。结合国家信息安全专项、国家有关科技计划和国家财政支持的其他项目，组织开展安全可控信息技术在银行业的应用示范，组织推动银行业开展安全可控前瞻性研究；加强部门间协作，加强政策协同，加大力度支持银行业应用安全可控信息技术，以银行业应用不断完善安全可控信息技术，为安全可控信息技术创造市场空间。

（四）制定银行业应用安全可控信息技术推进指南。依托银行业安全可控信息技术创新战略联盟和技术实验室、国家工程实验室，分析银行业应用需求，解决共性问题，逐年制定推进指南，对推进领域、重点信息技术和产品以及推进方案予以细化。各级工业和信息化主管部门应做好适用技术、产品、服务及典型解决方案推介，推动需求对接。

（五）持续监督和评价。建立银行业金融机构应用安全可控信息技术工作情况的监督评价机制，通过安全可控信息技术应用率、重要系统自主掌控率、自主创新信息技术试用情况等指标评估安全可控能力成熟度；逐年对银行业金融机构应用安全可控信息技术情况进行考核，对纳入监管评级体系的机构，考核结果并入机构信息科技监管评级。

2014年9月3日

工业和信息化部关于加强电信和互联网行业网络安全工作的指导意见
工信部保〔2014〕368号

各省、自治区、直辖市通信管理局，中国电信集团公司、中国移动通信集团公司、中国联合网络通信集团有限公司，国家计算机网络应急技术处理协调中心，工业和信息化部电信研究院、通信行业职业技能鉴定指导中心，中国通信企业协会、中国互联网协会，各互联网域名注册管理机构，有关单位：

近年来，各单位认真贯彻落实党中央、国务院决策部署及工业和信息化部的工作要求，在加强网络基础设施建设、促进网络经济快速发展的同时，不断强化网络安全工作，网络安全保障能力明显提高。但也要看到，当前网络安全形势十分严峻复杂，境内外网络攻击活动日趋频繁，网络攻击的手法更加复杂隐蔽，新技术新业务带来的网络安全问题逐渐凸显。新形势下电信和互联网行业网络安全工作存在的问题突出表现在：重发展、轻安全思想普遍存在，网络安全工作体制机制不健全，网络安全技术能力和手段不足，关键软硬件安全可控程度低等。为有效应对日益严峻复杂的网络安全威胁和挑战，切实加强和改进网络安全工作，进一步提高电信和互联网行业网络安全保障能力和水平，提出以下意见。

一、总体要求

认真贯彻落实党的十八大、十八届三中全会以及中央网络安全和信息化领导小组第一次会议关于维护网络安全的有关精神，坚持以安全保发展、以发展促安全，坚持安全与发展工作统一谋划、统一部署、统一推进、统一实施，坚持法律法规、行政监管、行业自律、技术保障、公众监督、社会教育相结合，坚持立足行业、服务全局，以提升网络安全保障能力为主线，以完善网络安全保障体系为目标，着力提高网络基础设施和业务系统安全防护水平，增强网络安全技术能力，强化网络数据和用户信息保护，推进安全可控关键软硬件应用，为维护国家安全、促进经济发展、保护人民群众利益和建设网络强国发挥积极作用。

二、工作重点

（一）深化网络基础设施和业务系统安全防护。认真落实《通信网络安全防护管理办法》（工业和信息化部令第11号）和通信网络安全防护系列标准，做好定级备案，严格落实防护措施，定期开展符合性评测和风险评估，及时消除安全隐患。加强网络和信息资产管理，全面梳理关键设备列表，明确每个网络、系统和关键设备的网络安全责任部门和责任人。合理划分网络和系统的安全域，理清网络边界，加强边界防护。加强网站安全防护和企业办公、维护终端的安全管理。完善域名系统安全防护措施，优化系统架构，增强带宽保障。加强公共递归域名解析系统的域名数据应急备份。加强网络和系统上线前的风险评估。加强软硬件版本管理和补丁管理，强化漏洞信息的跟踪、验证和风险研判及通报，及时采取有效补救措施。

（二）提升突发网络安全事件应急响应能力。认真落实工业和信息化部《公共互联网网络安全应急预案》，制定和完善本单位网络安全应急预案。健全大规模拒绝服务攻击、重要域名系统故障、大规模用户信息泄露等突发网络安全事件的应急协同配合机制。加强应急预案演练，定期评估和修订应急预案，确保应急预案的科学性、实用性、可操作性。提高突发网络安全事件监测预警能力，加强预警信息发布和预警处置，对可能造成全局性影响的要及时报通信主管部门。严格落实突发网络安全事件报告制度。建设网络安全应急指挥调度系统，提高应急响应效率。根据有关部门的需求，做好重大活动和特殊时期对其他行业重要信息系统、政府网站和重点新闻网站等的网络安全支援保障。

（三）维护公共互联网网络安全环境。认真落实工业和信息化部《木马和僵尸网络监测与处置机制》、《移动互联网恶意程序监测与处置机制》，建立健全钓鱼网站监测与处置机制。在与用户签订的业务服务合同中明确用户维护网络安全环境的责任和义务。加强木马病毒样本库、移动恶意程序样本库、漏洞库、恶意网址库等建设，促进行业内网络安全威胁信息共享。加强对黑客地下产业利益链条的深入分析和源头治理，积极配合相关执法部门打击网络违法犯罪。基础电信企业在业务推广和用户办理业务时，要加强对用户网络安全知识和技能的宣传辅导，积极拓展面向用户的网络安全增值服务。

（四）推进安全可控关键软硬件应用。推动建立国家网络安全审查制度，落实电信和互联网行业网络安全审查工作要求。根据《通信工程建设项目招标投标管理办法》（工业和信息化部令第 27 号）的有关要求，在关键软硬件采购招标时统筹考虑网络安全需要，在招标文件中明确对关键软硬件的网络安全要求。加强关键软硬件采购前的网络安全检测评估，通过合同明确供应商的网络安全责任和义务，要求供应商签署网络安全承诺书。加大重要业务应用系统的自主研发力度，开展业务应用程序源代码安全检测。

（五）强化网络数据和用户个人信息保护。认真落实《电信和互联网用户个人信息保护规定》（工业和信息化部令第 24 号），严格规范用户个人信息的收集、存储、使用和销毁等行为，落实各个环节的安全责任，完善相关管理制度和技术手段。落实数据安全和用户个人信息安全防护标准要求，完善网络数据和用户信息的防窃密、防篡改和数据备份等安全防护措施。强化对内部人员、合作伙伴的授权管理和审计，加大违规行为惩罚力度。发生大规模用户个人信息泄露事件后要立即向通信主管部门报告，并及时采取有效补救措施。

（六）加强移动应用商店和应用程序安全管理。加强移动应用商店、移动应用程序的安全管理，督促应用商店建立健全移动应用程序开发者真实身份信息验证、应用程序安全检测、恶意程序下架、恶意程序黑名单、用户监督举报等制度。建立健全移动应用程序第三方安全检测机制。推动建立移动应用程序开发者第三方数字证书签名和应用商店、智能终端的签名验证和用户提示机制。完善移动恶意程序举报受理和黑名单共享机制。加强社会宣传，引导用户从正规应用商店下载安装移动应用程序、安装终端安全防护软件。

（七）加强新技术新业务网络安全管理。加强对云计算、大数据、物联网、移动互联网、下一代互联网等新技术新业务网络安全问题的跟踪研究，对涉及提供公共电信和互联网服务的基础设施和业务系统要纳入通信网络安全防护管理体系，加快推进相关网络安全防护标准研制，完善和落实相应的网络安全防护措施。积极开展新技术新业务网络安全防护技术的试点示范。加强新业务网络安全风险评估和网络安全防护检查。

（八）强化网络安全技术能力和手段建设。深入开展网络安全监测预警、漏洞挖掘、恶意代码分析、检测评估和溯源取证技术研究，加强高级可持续攻击应对技术研究。建立和完善入侵检测与防御、防病毒、防拒绝服务攻击、异常流量监测、网页防篡改、域名安全、漏洞扫描、集中账号管理、数据加密、安全审计等网络安全防护技术手段。健全基于网络侧的木马病毒、移动恶意程序等监测与处置手段。积极研究利用云计算、大数据等新技术提高网络安全监测预警能力。促进企业技术手段与通信主管部门技术手段对接，制定接口标准规范，实现监测数据共享。加强与网络安全服务企业的合作，防范服务过程中的风险，在依托安全服务单位开展网络安全集成建设和风险评估等工作时，应当选用通过有关行业组织网络安全服务能力评定的单位。

三、保障措施

（一）加强网络安全监管。通信主管部门要切实履行电信和互联网行业网络安全监管职责，不断健全网络安全监管体系，积极推动关键信息基础设施保护、网络数据保护等网络安全相关立法，进一步完善网络安全防护标准和有关工作机制；要加大对基础电信企业的网络安全监督检查和考核力度，加强对互联网域名注册管理和服务机构以及增值电信企业的网络安全监管，推动建立电信和互联网行业网络安全认证体系。国家计算机网络应急技术处理协调中心和工业和信息化部电信研究院等要加大网络安全技术、资金和人员投入，大力提升对通信主管部门网络安全监管的支撑能力。

（二）充分发挥行业组织和专业机构的作用。充分发挥行业组织支撑政府、服务行业的桥梁纽带作用，大力开展电信和互联网行业网络安全自律工作。支持相关行业组织和专业机构开展面向行业的网络安全法规、政策、标准宣贯和知识技能培训、竞赛，促进网络安全管理和技术交流；开展网络安全服务能力评定，促进和规范网络安全服务市场健康发展；建立健全网络安全社会监督举报机制，发动全社会力量参与维护公共互联网网络安全环境；开展面向社会公众的网络安全宣传教育活动，提高用户的网络安全风险意识和自我保护能力。

（三）落实企业主体责任。相关企业要从维护国家安全、促进经济社会发展、保障用户利益的高度，充分认识做好网络安全工作的重要性、紧迫性，切实加强组织领导，落实安全责任，健全网络安全管理体系。基础电信企业主要领导要对网络安全工作负总责，明确一名主管领导具体负责、统一协调企业内部网络安全各项工作；要加强集团公司、省级公司网络安全管理专职部门建设，加强专职人员配备，强化专职部门的网络安全管理职能，切实加大企业内部网络安全工作的统筹协调、监督检查、责任考核和责任追究力度。互联网域名注册管理和服务机构、增值电信企业要结合实际健全内部网络安全管理体系，配备网络安全管理专职部门和人员，保证网络安全责任落实到位。

（四）加大资金保障力度。基础电信企业要制定本企业网络安全专项规划，在加大网络和业务发展投入的同时，同步加大网络安全保障资金投入，并将网络安全经费纳入企业年度预算。互联网域名注册管理和服务机构、增值电信企业要结合实际加大网络安全资金投入力度。

（五）加强人才队伍建设。基础电信企业要积极开展网络安全专业岗位职业技能鉴定工作，建立健全网络安全专业岗位持证上岗制度；加强网络安全培训，把相关培训纳入员工培训计划；积极组织和参与网络安全知识技能竞赛，形成培养、选拔、吸引和使用网络安全人才的良性机制。

附录III：2014年国内网络安全大事记

1月

2日，腾讯与金山联手推出企业QQ安全助手。

8日，淘宝网宣布1月14日起禁售比特币、比特币矿机及挖矿教程等商品。

9日，12306火车订票网站存在对身份证信息缺乏审核漏洞，黄牛党利用该漏洞大量囤票。

9—10日，由中国标准化研究院主办、中国信息安全认证中心协办的“公共安全业务连续性管理标准技术交流会”在北京举行。

10日，MSN官方网站被黑客攻击，其数码IT频道出现大量博彩页面，并且黑客采用欺骗技术，在百度搜索打开相关页面时，就会自动跳转至某博彩网站首页。

10日，腾讯设1000万元奖励基金，鼓励全民参与打击网络诈骗黑色产业链。

13日，12306网站被曝存在“穿越”漏洞，用户登陆12306网站购买车票，系统会默认为购买当日的日期，而不是出发日期。

13日，联想、华为、中兴、爱国者和国信灵通等移动平板电脑厂商被工业和信息化部授予“移动电子政务安全本示范单位”称号。

14日，国家质检总局科技计划项目“信息安全认证认可标准体系研究”顺利通过验收。

15日，北京网络行业协会2013“和谐北京 安全网络”年会暨会员大会在北京邮电会议中心举行。

21日，全国所有通用顶级域的根出现异常，包括百度、新浪、腾讯、京东等诸多网站的访问均受影响，网盘无法连接成功，部分网页的图片也无法正常浏览。

23日，《公共安全—业务连续性管理体系要求》(GB/T30146-2013）国家标准经国家质量监督检验检疫总局和国家标准化管理委员会批准，正式发布。

29日，17岁少年自学黑客技术，搭建虚假订购打折机票钓鱼网站，两月骗得20余万被判刑。

2月

10日，国产操作系统厂商中科红旗宣布解散。

12日，360互联网安全中心数据报告称钓鱼网站已经完全取代网页挂马成为目前最严峻的网页攻击形式。

27日，中央网络安全和信息化领导小组宣告成立。中共中央总书记、国家主席、中央军委主席习近平亲自担任组长，李克强、刘云山任副组长。

27日，中央网络安全和信息化领导小组在北京召开第一次会议，会议审议通过了《中央网络安全和信息化领导小组工作规则》、《中央网络安全和信息化领导小组办公室工作细则》《中央网络安全和信息化领导小组2014年重点工作》等。

3月

11日，微软发布最后一批的月度安全补丁，此后官方再无视窗XP安全更新。

15日，央视315晚会曝光大唐高鸿公司预装的软件会监测用户的使用情况，会定期地向官网服务器发送用户数据，侵犯用户的隐私。

15日，中国广告协会互动网络分会制定了《中国互联网定向广告用户信息保护行业框架标准》。

22日，携程网被发现安全漏洞，携程安全支付日志可被任意读取，日志可以泄露包括持卡人姓名和身份证等在内的敏感用户信息。

25日，公安部、工业和信息化部等9部门在全国范围内部署开展专项行动，严厉打击非法生产、销售和使用“伪基站”设备违法犯罪活动。

4月

2日，安全平台乌云报告360云盘存在漏洞，称360云盘存在逻辑缺陷，可导致DDoS攻击。

7日，安全公司Codenomicon和谷歌安全工程师发现OpenSSL内存泄漏漏洞（“心脏出血”），该漏洞可随机泄漏https服务器64k内存，内存中可能会含有程序源码、用户http原始请求、用户cookie甚至明文账号密码等。

14日，国家信息中心建成覆盖全国31个省区市的政务终端安全配置应用支撑平台，应对视窗XP退役后，在没有补丁的过渡期间，利用终端核心配置抵御漏洞。

16日，由中国电力科学研究院等60家单位发起，中关村可信计算产业联盟正式成立。

17日，由北京市公安局网络安全保卫总队与360公司联合发起的“北京网络安全反诈骗联盟”在京举行启动仪式。

22日，云智慧（北京）科技有限公司宣布推出“移动应用监控服务”。基于应用服务接口监控业务过程，发现业务端口可用率和正确性以及业务性能数据分析，在国内尚属首创。

23日，香港科技罪案组人员在网上巡逻时发现133份2001年至今的警方内部文件在网上流传。

24日，以“新生”为主题的“2014信息安全高级论坛——RSA conference 2014热点研讨”在北京召开。

29日，北京市政府确定4月29日为首都网络安全日。

5月

1日，北京市首个网络安全主题教育基地启动，基地内设置网络安全发展展示、网络安全知识授课、网络安全技巧互动等三大专门区域。

4日，搜狐视频的XSS漏洞变身全球最大DDoS攻击源，攻击者利用漏洞在用户头像标签中注入JavaScript代码，当用户访问含有恶意代码页面时一个Ajax脚本DDoS工具，就会以每秒一次的频率向目标攻击网站发送请求。

5日，国家发展和改革委员会称2017年，将建成集合金融、工商登记、税收缴纳、社保缴费、交通违章等信用信息的统一平台。

14日，视窗8.1曝严重内核漏洞，黑客可以利用该漏洞轻易越过第三方的杀毒软件等产品，甚至禁用安全软件驱动组件。

14日，安全平台乌云称小米论坛800万左右注册用户数据库被泄露。

20日，中国政府采购网发布《关于进行信息类协议供货强制节能产品补充招标的通知》。《通知》要求，所有采购的计算机设备不允许安装视窗8操作系统。

21日，移动互联网安全公司Visual Threat发布上半年国内银行移动应用安全报告。报告称每10个安卓银行应用中有6个具有中度到高度隐私泄露风险。

26日，UCloud北京机房遭受人为DDOS攻击。调查称攻击者调用几十万台肉鸡进行攻击，攻击流量达到63G，严重影响部分用户的正常使用。

26日，中国政府禁止国企使用美国咨询公司服务。中国政府通知所有国企断绝与麦肯锡、BCG等美国咨询公司业务往来，原因是怀疑这些咨询公司替美国政府从事间谍活动。

26日，互联网新闻研究中心发布《美国全球监听行动记录》。指出美国针对中国进行大规模网络进攻，并把中国领导人和华为公司列为目标等。

6月

12日，国家版权局、国家互联网信息办公室、工业和信息化部和公安部正式启动第十次打击网络侵权盗版专项治理的“剑网”行动。

24日，搜狐公司正式宣布对北京字节跳动科技有限公司（今日头条）侵犯著作权和不正当竞争行为提起诉讼，要求对方立刻停止侵权行为。

25日，虚拟运营商170号段频繁出现技术BUG，包括固话拨打170号码显示空号、用户收不到验证码、手机APP自动拦截170号码等。

26日，6月中旬至11月底，北京警方将开展网上治安综合治理专项行动，其中，将传播虚假信息突出的网络“水军”和“网络推手”等作为重点整治对象。

30日，部分中央机关及下属部门已经内部要求停止使用Office办公软件。

7月

7日，不法分子利用世界杯热门软件散播病毒、后门木马，“2014世界杯点球赛”、“世界杯争夺赛”等多款捆绑有“越位木马”的世界杯类危险软件，不仅捆绑恶意广告插件，还能窃取用户隐私。

8日，新华社发布了《新闻从业人员职务行为信息管理办法》，禁止新闻从业者传播未公开信息。

18日，移动支付平台支付宝钱包在国内率先试验推出指纹支付。

24日，安全平台乌云称铁路12306手机购票软件存在漏洞，利用该漏洞黄牛党可以利用电脑来模拟多部手机多账号进行购票操作。

30日，中国黑客被指试图窃取以色列铁穹系统机密。

8月

4日，宁夏银行核心系统数据库出现故障，由于核心系统数据库版本严重老化，2007年至今未购买维保服务，导致存取款、网银、ATM等业务全部中断长达37个多小时，其间只能依靠手工办理业务。

4日，罕见的恶意手机病毒“XX神器”制作者落网，这款的恶意手机病毒可偷偷转发用户短信内容给其他人，使得受感染用户的个人隐私和网银短信验证码的安全受到极大威胁。

4日，中国政府将禁用赛门铁克和卡巴斯基反病毒软件。

6日，两名加拿大籍公民凯文和朱莉亚因涉嫌窃取中国国家秘密被中国安全机关依法审查。

7日，国家互联网信息办公室发布了《即时通信工具公众信息服务发展管理暂行规定》。

13日，北京警方查处网上编造传播谣言者85人。

21日，Cloud Flare披露香港公投网站遭DDoS攻击详情，攻击包括DNS及NTP放大攻击，DNS放大攻击流量每秒超过100Gb，而NTP放大攻击流量甚至高达每秒300Gb等。

21日，新京报网站域名解析前后发生两次在国内域名注册商35.com处被非法篡改事件，导致国外用户无法正常访问。

22日，阿里腾讯网络银行牌照申请未通过监管层批准。

25日，工业和信息化部出台《关于加强电信和互联网行业网络安全工作的指导意见》。

26日，腾讯移动安全实验室发布《2014年7月手机安全报告》，称今年前7个月，感染手机支付类病毒的Android用户超过800万人次。

26日，国务院发布《关于授权国家互联网信息办公室负责互联网信息内容管理工作的通知》。

9月

11日，由中国银行业协会银行卡专业委员会主办的“银行卡网络支付安全宣传月”启动仪式在北京举行。

15日，黑龙江省警方破获全国最大案值网络诈骗案，涉案金额2033万元。

16日，360互联网安全中心的数据显示，9月16日一天时间里近8万网站遭攻击，被攻击次数达3.6亿次。

17日，国家计算机病毒应急处理中心最新发布的2013年全国信息网络安全状况与计算机和移动终端病毒疫情调查，结果显示我国计算机病毒感染率为54.9%，在连续5年下降后回升。

18日，扫黄办严打“微领域”涉黄信息，对搜狐、腾讯、迅雷3家企业因监管不力导致所经营的微博、微信等产品存在传播淫秽色情信息进行了处罚。

19日，银监会网站公布《关于应用安全可控信息技术加强银行业网络安全和信息化建设的指导意见》。

22 日，交通银行出现大规模系统故障，导致 ATM 机出现故障，遭遇吞卡、扣钱不出钱、存钱进去钱不见等问题。

24 日，国家互联网信息办公室、工业和信息化部、国家工商总局召开“整治网络弹窗”专题座谈会，决定于近期启动“整治网络弹窗”专项行动。

24 日，香港媒体大亨壹传媒（nextmedia.com）数十万用户账号信息泄露，包括邮箱、明文密码和手机号在内的账户信息被发布到论坛上。

25 日，安全平台乌云称腾讯微信存在两处漏洞，利用该漏洞可不经授权登陆他人账号。

10 月

8 日，经习近平主席批准，中央军委印发《关于进一步加强军队信息安全工作的意见》。

16 日，奇虎 360 诉腾讯滥用市场支配地位一案在北京最高人民法院终审宣判，最高人民法院驳回奇虎 360 的上诉，维持一审判决，认为腾讯不具市场支配地位，其行为不构成滥用市场支配地位。

17 日，我国首款自主可控堡垒主机研制成功，对保护我国网络信息边关有意义重大。

23 日，中央网信办召开座谈会，解读约束网络侵害司法解释。

27 日，XCTF 全国网络安全技术对抗联赛启动，新闻发布会在北京盛大召开。

11 月

5 日，中央网信办组织召开有关部委负责人、专家学者和企业负责人专题座谈会，就如何贯彻落实四中全会精神，推进信息化发展和保障国家网络安全进行专题研讨。

6 日，腾讯 QQ 即时通讯软件被海外研究人员根据 7 个标准评估为最不安全的即时通讯软件。

19 日，网络推手杨秀宇（网名立二拆四）因犯非法经营罪被判刑 4 年，罚金 15 万。

19 日，首届世界互联网大会在浙江乌镇开幕，国家主席习近平向大会致贺词。

24 日，以“共建网络安全，共享网络文明”为主题的首届国家网络安全宣传周启动仪式在北京中华世纪坛举行。

25 日，国产操作系统厂商中标软件与瑞星达成合作，双方将共推国产操作系统配套信息安全整体解决方案。

27 日，2015 年参加全国硕士研究生考试的 130 万考研用户信息被泄露并在网上出卖。

12 月

1 日，央视对苹果 iMessage 上的垃圾信息日趋泛滥进行了曝光。

4 日，中国软件评测中心发布《2014 年中国政府网站绩效评估总报告》。报告显示评估范围内的各级政府网站中，超过 93% 的网站存在各种危险等级安全漏洞。

7 日，为推进国内电子发票业务发展和扩大电子发票应用领域和地域，航天信息股份有限公司与苏宁云商集团股份有限公司在京签署战略合作协议。

8 日，迅雷资讯弹窗服务因传播色情低俗及虚假谣言信息被采取关停措施。

15 日，凤凰网播客频道、新浪网日娱和娱乐图库栏目、17173 网“818 游戏之外”频道、酷 6 网“主题”栏目等多家知名网站因涉嫌炒作低俗内容遭到网信办的查处。

24 日，阿里云上一家知名游戏公司遭到一次严重 DDoS 攻击，攻击时间长达 14 小时，攻击峰值流量达到 453.8Gb。

25 日，12306 被曝存在泄露用户敏感数据漏洞。这个漏洞将可能导致所有 12306 注册用户的账号、明文密码、身份证及邮箱等敏感信息泄露。

后 记

赛迪智库信息安全研究所在对政策环境、基础工作、技术产业等长期研究积累的基础上，经过深入研究、广泛调研、详细论证，历时半载完成了《2014–2015年中国网络安全发展蓝皮书》。

本书由樊会文担任主编，刘权担任副主编，王闯负责统稿。全书主要分为综合篇、政策篇、产业篇、企业篇、专题篇、热点篇和展望篇七个部分，各篇撰写人员如下：综合篇（王闯）；政策篇（闫晓丽、陈月华）；产业篇（王闯、陈月华）；企业篇（李振国）；专题篇（张伟丽、冯伟、李振国）；热点篇（刘金芳）；展望篇（王闯）。吕尧等承担了相关资料的收集工作。在研究和编写过程中，本书得到了相关部门领导及行业专家的大力支持和耐心指导，在此一并表示诚挚的感谢。

由于能力和水平所限，我们的研究内容和观点可能还存在有待商榷之处，敬请广大读者和专家批评指正。